Handbuch
OLDTIMER

Handbuch

OLDTIMER

Bildnachweis

Autor und Verlag bedanken sich bei folgenden Personen und Firmen, die Fotos zur Verfügung gestellt haben: Gerhard Müller-Brunke, Engelsberg; Hans G. Isenberg, Fellbach; das Automuseum in Melle, die Imperial Palace Automobil-Collection in Las Vegas sowie die Firmen BMW Group Mobile Tradition, Daimler Chrysler AG, Fiat SpA, General Motors, Peugeot SA, Dr. Ing. E.H. Porsche KG, Rolls-Royce & Bentley Motor Cars und Volkswagen AG.

Autor: Reinhard Lintelmann
Gesamtherstellung: Naumann & Göbel Verlagsgesellschaft mbH, Köln

ISBN 3-625-20749-4
www.naumann-goebel.de

Inhalt

Das Automobil wird in Deutschland geboren

Im Jahre 1886 begann im Buch der Verkehrsgeschichte ein neues Kapitel – das der individuellen Mobilität. Seit Jahrhunderten ersehnt, aber fast unbemerkt von den Zeitgenossen rollten die Motorkutsche von Gottlieb Daimler in Cannstatt im Königreich Württemberg und der Patent-Motorwagen von Karl Benz in Mannheim im Großherzogtum Baden in das Licht der Öffentlichkeit.

Wie kaum eine andere Erfindung veränderten die neuartigen Fortbewegungsmittel in der Folge das Leben der Menschen nachhaltig und machten sie mobil in allen Lebensbereichen. Die Botschaft dieser Antriebsquelle sorgte gleichwohl für Staunen, aber auch für Skepsis, denn die Dampfmaschine, um 1765 vom Engländer James Watt erfunden, war schon seit über 100 Jahren ein mustergültiger Motor der rasch wachsenden industriellen Entwicklung. Der erste bekannte Dampfwagen war 1769 der „Fardier" des Franzosen Robert Cugnot: ein Ungetüm. 1786 präsentierte der englische Ingenieur W. Symington ein weitaus eleganteres Dampfgefährt, das bereits zum Personentransport geeignet war. Onésiphore Pecquer verbesserte 1828 die Fahreigenschaften derartiger Vehikel durch die Erfindung des „Differentials". Die Dampfwagen wurden zahlreicher, vor allem in England und Frankreich. Um 1880 gab es etliche straßentaugliche, dampfgetriebene „Autos". Diese „Lokomobil" genannten Gefährte gaben sogar einiges an Tempo her. Sie waren jedoch plump, schwer zu lenken und mussten enorme Mengen Kohle und Wasser mitführen. Wer sich als stolzer Besitzer die Hände nicht schmutzig machen wollte, leistete sich einen Heizer, den Chauffeur. Versuche mit Gasmotoren gab es auch, doch sie blieben stationär.

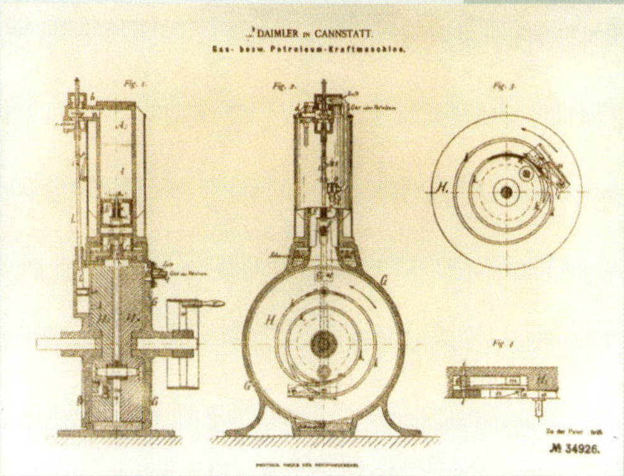

Konstruktionszeichnung des Daimler-Einzylindermotors in stehender Ausführung. Bei dem von Daimler und Maybach entwickelten Aggregat sind Kurbeltrieb und Schwungrad erstmals von einem Kurbelgehäuse umgeben.

Es blieb den Visionären, Erfindern und beharrlichen Konstrukteuren Gottlieb Daimler und Karl Benz vorbehalten, den Weg zu finden, der in die Zukunft der individuellen Mobilität führen sollte. 1883 erweckte Gottlieb Daimler den ersten leichten, schnell laufenden Benzinmotor zusammen mit seinem engen Mitarbeiter und Freund Wilhelm Maybach in einem Gartenhaus in Cannstatt bei Stuttgart zum Leben. In einem epochalen ersten Schritt ließen beide eine uralte Vision Wirklichkeit werden: Die universelle Viertakt-Antriebsquelle (im April 1885 zum Patent angemeldet) mit den wichtigen Detailerfindungen Glührohrzündung und Schwimmervergaser war endlich bereit zum Einbau in Kutschen, Eisenbahnwagen, Boote, Schiffe und das eben geborene Luftfahrzeug. Auch zum Antrieb von Pumpen und Stromerzeugern war das Aggre-

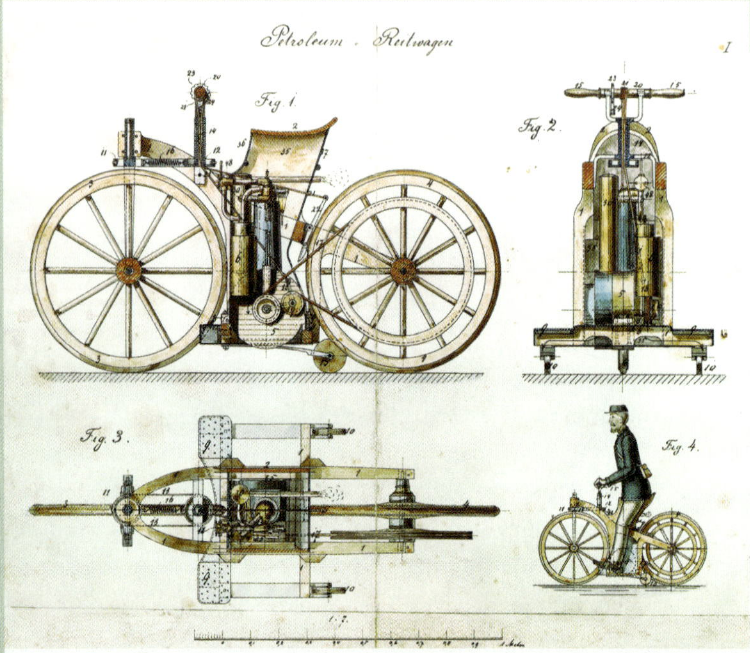

Der von Gottlieb Daimler 1885 konstruierte Reitwagen basierte auf einem Holzrahmen und rollte auf eisenbereiften Holzspeichenrädern. Er wurde mit einer Handkurbel gestartet und verfügte bereits über einen Leerlauf.

gat bestens geeignet, und eine stürmische Weiterentwicklung stand vor der Tür: zu Lande, zu Wasser und in der Luft – so wie Gottlieb Daimler es wollte und wie es die drei Zacken des späteren Mercedes-Sterns symbolisierten.

Daimler baute den Motor zunächst in ein Zweirad ein, einen höchst kostengünstigen Versuchsträger. Am 17. Juli 1888 stellte Daimler einen Antrag auf eine Fahrgenehmigung für „eine viersitzige, leichte Chaise mit kleinem Motor". Einen Führerschein benötigte er übrigens nicht, der wurde erst 1910 amtlich eingeführt. Der Daimler-Motor machte, bevor er im Automobilbau für Gesprächsstoff sorgte, zunächst als Bootsmotor Furore und bewährte sich auch als Feuerwehrpumpe und Straßenbahnantrieb. Der Bedarf an der neuen Antriebsquelle stieg rasant – 1887 produzierte Daimler bereits in einer kleinen Fabrik und wendete sich auch der Entwicklung kompletter Fahrzeuge zu.

Auf der Weltausstellung 1889 in Paris stellten Daimler und Maybach den sehr fortschrittlich konstruierten Stahlradwagen vor, der die Aufmerksamkeit auf sich lenken sollte und der auch noch, um das Maß der technischen Exklusivität voll zu machen, über ein Zahnrad-Schaltgetriebe anstelle eines Riemengetriebes verfügte. Besonders intensiv interessierten sich eine Dame und zwei Herren für den Stahlradwagen: Madame Sarazin, Monsieur Panhard und Monsieur Levassor. Es kam letztlich zu einer Lizenzvergabe an die spätere Firma Panhard & Levassor, die nun Daimler-Motoren in ihre Automobile einbaute, für die in Frankreich eine rege Nachfrage bestand. Dank der Zuverlässigkeit der Motoren waren damit bestückte Motorwagen auch schon bei den allerersten Automobilrennen erfolgreich. Mit der Gründung der Daimler-Motoren-Gesellschaft (DMG), einer Aktiengesellschaft, begann 1890 eine neue Ära, die dem Unternehmen in den Folgejahren dank der Zuverlässigkeit, Qualität und Erfolge seiner Motoren und Automobile einen raschen Aufschwung brachte.

Auf der britischen Insel feierte man 1896 mit dem „Emancipation Run“ den Siegeszug des Automobils. Zwölf Motorwagen, zum größten Teil importierte Benz-Modelle, nahmen daran teil. Die Dame, die den vorderen Wagen lenkt, ist übrigens Bertha Ringer Benz. Sie steuerte als erste Frau ein Automobil!

Auch Karl Benz in Mannheim erschien 1885 auf der Bildfläche. Er verfolgte die gleiche Vision eines leichten, fahrzeugtauglichen Motors wie Gottlieb Daimler, darüber hinaus dachte er aber auch an ein mit dem Motor harmonierendes Fahrgestell – ergo die Komplettlösung eines neuartigen selbstfahrenden Gefährtes. Die ersten Probefahrten seiner Konstruktion fanden 1885 aus Gründen der Geheimhaltung im Fabrikhof statt und endeten zum wiederholten Mal an der Fabrikmauer. Auch der erste nächtliche Ausflug auf freier Strecke dauerte nur ein paar Minuten, denn nach 100 Metern blieb der Wagen stehen. Aber aus 100 Metern wurden bald 1000 Meter und von Mal zu Mal mehr.

Am 29. Januar 1886 meldete er sein „Fahrzeug mit Gasmotorenbetrieb“, dessen Einzylinder-Viertakt-Benzinmotor bereits elektrische Zündung aufwies, zum Patent an. Doch der erste Patent-Motorwagen geriet schnell in eine Ecke der Fabrik, weil Benz in rascher Folge neue Modelle baute, die zwar nicht grundlegend anders waren, aber durch stärkere Motoren und robustere Fahrgestelle glänzten. Bis 1888 erhielt Karl Benz vier weitere deutsche Patente, darunter das für einen brandsicheren Vergaser. Auf einem der verbesserten Gefährte startete seine engagierte und mutige Frau Bertha mit den Söhnen Eugen und Richard an einem Augusttag 1888 zu früher Stunde ohne Wissen ihres Mannes schließlich zur ersten „Fernfahrt" der Automobilgeschichte. Sie führte das Trio von Mannheim mit einigen Umwegen über Weinheim, Heidelberg, Wiesloch und Durlach nach Pforzheim. Das bewies, dass der pferdelose Wagen hielt, was sein Konstrukteur anstrebte. Unterwegs reinigte Frau Bertha den verstopften Vergaser mit einer Hutnadel und isolierte ein blank liegendes Elektrokabel mit einem Strumpfband. An Steigungen war hin und wieder Schieben angesagt, weil die 1,5 PS nicht immer ausreichten. Die heftig strapazierte Klotzbremse musste einige Male mit neuem Leder bezogen werden, und in der Apotheke zu Wiesloch wurde der Vorrat an kostbarem „Ligroin" ergänzt, wie das Benzin damals hieß. In den Abendstunden kam die erste Autofahrerin der Welt mit ihren Söhnen verstaubt, aber wohlbehalten und um einige Erfahrungen reicher in Pforzheim an. Bertha Benz hat mit dieser Fahrt (einschließlich Rückfahrt 180 Kilometer) zweifelsohne die Gebrauchstüchtigkeit des Motorwagens vor aller Welt demonstriert.

AC

Modell:	AC Cobra 427
Hubraum / Zylinder:	6997 ccm / 8 Zyl.
PS / kW:	425 / 311,3
Bauzeit:	1965 – 1968
Stückzahl:	410

Die 1904 gegründete Firma AC (Auto Carrier) baute jahrzehntelang dreirädrige Automobile – erst 1953 rollte aus den Werksanlagen im südlichen London der erste Sportwagen. Das AC Ace genannte Modell bildete bald die Produktionsgrundlage für eine vollkommen neue Fahrzeuggeneration, die ohne Probleme mit den typisch italienischen Sportwagen konkurrieren konnte. 1961 verwendete AC anstelle der Bristol-Motoren (6 Zylinder) erstmals amerikanische V8-Aggregate von Ford, denn der Zufall wollte es, dass die finanziell etwas angeschlagenen AC-Werke die Bekanntschaft des amerikanischen Sportwagenexperten Carol Shelby machten. Es war Shelbys Idee, den AC damit zu bestücken – und eine gute: Damit war der AC Cobra geboren, ein Wagen, der die Sportwagenwelt nachhaltig verändern sollte.

ADLER

Heinrich Kleyer, der 1886 in Frankfurt mit der Produktion von Fahrrädern unter dem Markennamen Adler seine Fabrikantenkarriere begann, fand über ein paar Umwege zum Automobilbau: Bevor er 1899 nach dem Vorbild französischer Voituretten seinen ersten Motorwagen konstruierte, fertigte er jahrelang als Zulieferer für Karl Benz Drahtspeichenräder. Als 1934 der erste Adler Trumpf Junior erschien, entsprach der Wagen mit kunstlederüberzogener Leichtbaukarosserie in etwa dem Äußeren eines DKW. Das war zwar praktisch, aber um sich prestigemäßig vom DKW abheben zu können, stellte Adler bald auf die Ganzstahlbauweise um.

Modell:	Adler Trumpf Junior 1 E
Hubraum / Zylinder:	995 ccm/4 Zyl.
PS / kW:	25/18,3
Bauzeit:	1936–1941
Stückzahl:	ca. 110 000 (gesamte Baureihe)

ADLER 2,5 LITER TYP 10

Modell:	Adler 2,5 Liter Typ 10
Hubraum / Zylinder:	2494 ccm/6 Zyl.
PS / kW:	58/42,4
Bauzeit:	1937–1940
Stückzahl:	5295

Wie branchenüblich, informierte sich auch 1937 die Fachpresse anlässlich der Berliner Automobilausstellung über spektakuläre Neuheiten, die sie diesmal aber nicht an dem Stand einer absoluten Luxusmarke, sondern bei Adler fand. Hier sorgte der Typ 10 für reges Besucherinteresse, denn dieses stromlinienförmig gestylte Fahrzeug war für einen Hersteller wie Adler einfach zu ungewöhnlich. Kenner der Szene wussten, dass dieser Wagen eine Konstruktion des ehemals für Steyr arbeitenden Ingenieurs Karl Jenschke war – immerhin besaß der Adler einige Wesensmerkmale des ähnlich aussehenden Steyr 50. Im Volksmund wurde der große Adler bald „Autobahn-Adler" genannt, doch dort war er ebenso selten anzutreffen wie auf anderen Straßen – nur Individualisten vermochten sich für dieses ungewohnte Styling zu begeistern.

Alfa Romeo

Modell:	Alfa Romeo 24 HP
Hubraum / Zylinder:	2413 ccm/4 Zyl.
PS / kW:	24/17,6
Bauzeit:	1910
Stückzahl:	–

Die Geschichte von Alfa Romeo begann in Portello, im Nordwesten Mailands, nahe der Straße zum Simplon-Pass. Hier ließ der französische Automobilbauer Alexandre Darracq 1906 ein Automobilwerk errichten, doch seine automobilen Lizenzprodukte bewährten sich nicht auf dem italienischen Markt. So übernahmen Geschäftsleute aus der Lombardei das Werk und gründeten die Società Anonima Lombarda Fabricia Automobili (A.L.F.A.), der späteren Marke Alfa Romeo. 1910 verließ der erste A.L.F.A. das Werk in Portello. Er stammte aus der Feder des Konstrukteurs Giuseppe Merosi und kam als Modell 24 HP auf den Markt. Trotz dem Image der Wagen war die wirtschaftliche Lage des Unternehmens der politischen Lage entsprechend besorgniserregend.

Alfa Romeo E 20/30 HP

Modell:	Alfa Romeo E 20/30 HP
Hubraum / Zylinder:	4082 ccm / 4 Zyl.
PS / kW:	49 / 36
Bauzeit:	1920 – 1921
Stückzahl:	–

Nach finanziellen Schwierigkeiten und Umstrukturierungen des Unternehmens A.L.F.A. übergaben 1915 die Banken (sie besaßen die Aktienmehrheit der Firma) die Verantwortung des Hauses dem neuen Angestellten Nicola Romeo. Unter seiner Regie fiel 1919 der Startschuss für die erneute Produktion edler Automobile, die nun auf den wohlklingenden Namen Alfa Romeo hörten. Aufgrund der zuvor in der Rüstungsindustrie erwirtschafteten Gewinne entwickelte sich Alfa Romeo schnell zu einem führenden Fahrzeughersteller. Mit dem Typ 20/30 HP stellte man zuerst wieder ein alltagstaugliches Automobil auf die Räder, das seine Vorzüge wie Handlichkeit und Leistung auf den steilen Bergstraßen Norditaliens voll ausspielen konnte.

Alfa Romeo 6C 2300 MM

Dass Alfa Romeos 6C-Modelle zu den Sportwagen zählten, die schnell Weltruhm erlangten, ist unter anderem dem Engagement Enzo Ferraris zu verdanken. Er leitete von 1929 bis 1939 die werkseigene Rennabteilung, und von den Siegen, die der Rennstall einfuhr, profitierten auch die Straßenversionen. Unter Beibehaltung sportlicher Eigenschaften entwickelte man 1934 für Privatfahrer den neuen 6C 2300. Dieser Wagen wurde in den Versionen Turismo, Gran Turismo und Pescara gebaut und mit einem Sechszylinder bestückt.

Modell:	Alfa Romeo 6C 2300 MM
Hubraum / Zylinder:	2309 ccm/6 Zyl.
PS / kW:	95/70
Bauzeit:	1935–1939
Stückzahl:	–

Außerdem erhielt das Modell eine moderne Einscheiben-Trockenkupplung und ein Getriebe, dessen dritter und vierter Gang synchronisiert waren. Im Zuge der Modellpflege profitierte der 6C 2300 ab 1935 von der vorderen und hinteren Einzelradaufhängung.

Alfa Romeo 1900

Modell:	Alfa Romeo 1900
Hubraum / Zylinder:	1884 ccm/4 Zyl.
PS / kW:	90/70
Bauzeit:	1950–1953
Stückzahl:	–

Mit dem Modell 1900 gelang Alfa Romeo der Schritt von der Fahrzeugmanufaktur zum Großserienhersteller. Bereits nach vier Jahren Bauzeit hatte die Zahl der 1900er die Produktionszahl der ersten 40 Jahre von Alfa Romeo überschritten! Für die Mailänder Traditionsmarke war damit die Zukunft gesichert. Diese noble Limousine war im Wettbewerbssport ebenso anzutreffen wie im Großstadtverkehr: Bald gesellten sich verschiedene Coupé-Varianten zur Limousine. Im Nachkriegs-Deutschland blieb der teure Wagen indes eine seltene Erscheinung: Erst warteten die Deutschen auf ihr Wirtschaftswunder, später mussten sie für einen 1900 Super Sprint mit Touring-Superleggera-Karosserie soviel bezahlen wie für einen Luxuswagen aus heimischer Produktion.

Alfa Romeo Spider

1966, mit dem Debüt eines neuen Spiders, setzte Alfa Romeo zwar die Tradition des alten Giulietta-Spiders lückenlos fort, doch es war für viele Enthusiasten nicht leicht, sich an das neue Design zu gewöhnen. Der Duetto oder wegen seiner Heckform auch Rundheck-Spider genannte Wagen erhielt deshalb im Zuge der Modellpflege ab dem Jahrgang 1970 ein überarbeitetes Hinterteil. Das neue Heck mit Abrisskante machte den Spider nur bedingt attraktiver, aber den ständig steigenden Verkaufszahlen nach ließ sich mit diesem Design jetzt leben. Das Schönste an dem Wagen war vielleicht die Tatsache, dass man ihn in vielen Motorisierungsstufen ordern konnte, und zwar als Spider 1300 Junior, 1600, 1750 und 2000.

Modell:	Alfa Romeo Spider
Hubraum / Zylinder:	1570 ccm / 4 Zyl.
PS / kW:	92 / 67,3
Bauzeit:	1966 – 1982
Stückzahl:	–

Alfa Romeo Montreal

Modell:	Alfa Romeo Montreal
Hubraum / Zylinder:	2593 ccm / 8 Zyl.
PS / kW:	200 / 146,5
Bauzeit:	1970 – 1975
Stückzahl:	3925

Die 70er Jahre begannen im Hause Alfa Romeo gleich mit einer Sensation: Es erschien der spektakuläre V8-Sportwagen namens Montreal, dessen Form aus der Hand des Bertone-Zeichners Marcello Gandini stammte. Der Montreal war eine Weiterentwicklung eines schon 1967 gezeigten Mittelmotor-Wagens – es brauchte noch etwas Zeit, um aus dem eher für den Rennsport gedachten Prototypen einen humanen Straßensportwagen zu machen. Das mit einem Leichtmetallmotor (2 x 2 oben liegende Nockenwellen!) bestückte Coupé rollte auf sportlichen Leichtmetallfelgen und sollte vor allem Käufer ansprechen, die eine Alternative zu einem Porsche oder Ferrari Dino suchten – entgegen aller Erwartungen verkaufte sich der Wagen mehr schlecht als recht.

ALPINE

Modell:	Alpine A 110
Hubraum / Zylinder:	1565 ccm/4 Zyl.
PS / kW:	140/102,3
Bauzeit:	1963–1976
Stückzahl:	7160

Jean Rédelé, der Sohn eines französischen Renault-Händlers, kreierte erstmals in den frühen 50er Jahren auf der Basis des legendären 4 CV einen sportlich angehauchten Wagen, der auf Anhieb das Interesse der Fachpresse erregte. Rédéle dachte schon bald über eine Kleinserienfertigung nach und ahnte nicht, dass die unter seiner Regie modifizierten Automobile mit dem Markennamen Alpine bald zu einer festen Größe auf dem Sportwagenmarkt werden sollten. 1963, mit dem Debüt des Alpine A 110, kam der ganz große Durchbruch: Dieses nur 1130 mm hohe Automobil erhielt eine interessant gestylte Kunststoffkarosserie und basierte zunächst auf der Technik des Renault 8, weshalb die Leistungsabgabe der ersten Serie (48 PS) entsprechend mager war. Dank intensiver Modellpflege wuchs das Potential bis auf 140 PS an – das reichte für 215 km/h.

Alvis

Modell:	Alvis 12/75 F.W.D
Hubraum / Zylinder:	1482 ccm / 4 Zyl.
PS / kW:	50 / 36,6
Bauzeit:	1928 – 1929
Stückzahl:	–

In Coventry, der damaligen Hochburg englischer Automobilindustrie, wurde 1919 von Geoffrey de Freville die Firma Alvis gegründet. De Freville war bereits Mitarbeiter jener Firma, die unter dem eingetragenen Warenzeichen „Alvis" Leichtmetallkolben fertigte – Grund genug, den Namen dieser Qualitätsprodukte auch für den neuen Geschäftsbereich des Automobilbaus zu nutzen. Man verlegte sich von Anfang an auf den Bau sportlich angehauchter Fahrzeuge und experimentierte bereits Mitte der 20er Jahre mit einem Prototypen, bei dem die Vorderräder angetrieben wurden. Die Vorderachse bestand aus einer Konstruktion von zwei Rohren, die durch vier Träger verbunden wurden – sie gab dem Modell, das 1928 in Serie ging, das für diesen Fronttriebler charakteristische Aussehen.

Alvis 12/60 HP

Modell:	Alvis 12/60 HP
Hubraum / Zylinder:	1645 ccm / 4 Zyl.
PS / kW:	50 / 36,6
Bauzeit:	1931 – 1932
Stückzahl:	–

Bis Ende der 20er Jahre bestimmten überwiegend kleinere Vierzylinder-Wagen die Modellpalette des Hauses Alvis. Sie waren unproblematischer als viele andere Sportwagen und galten als modern. Neben einem Fronttriebler ergänzte Alvis 1928 das Angebot noch durch hubraumstärkere Vierzylinder, die den Weg zu einer Reihe interessanter Nachfolger weisen sollten. Eine dieser Weiterentwicklungen war der 12/60 HP. Auf seinem Kühler thronte eine Hasenfigur, weil sie die Schnelligkeit und Wendigkeit des Wagens symbolisieren konnte. Die meisten der 12/60 HP wurden mit Sportcabriolet-Karosserien bestückt, wobei die so genannte Beetle-Back-Karosserie mit zu den schönsten Aufbauten zählte: Sie wirkte harmonisch und unterstrich wegen fehlender Trittbretter die Sportlichkeit des Automobils.

AMC

Modell:	AMC Javelin
Hubraum / Zylinder:	5633 ccm / 8 Zyl.
PS / kW:	230 / 168,5
Bauzeit:	1968 – 1972
Stückzahl:	–

1968 entstand in den USA aus einem Zusammenschluss der Firmen Nash und Hudson die Marke AMC (American Motors Corporation). Der dort hergestellte AMC Javelin wurde nicht nur in den Staaten, sondern auch in Deutschland gebaut. Die Karmann-Werke in Osnabrück nahmen sich in den 60er Jahren der Montage von 287 Wagen an, doch die Vorurteile, die über amerikanische Automobile herrschten, ließen sich nicht beseitigen – das Projekt war zum Scheitern verurteilt. Vom Design her entsprach der Javelin durchaus europäischen Vorstellungen, erst der Blick unter die Haube offenbarte seinen wahren Charakter: Hier arbeitete ein V8-Aggregat, das seine Kraft wahlweise über ein manuelles Viergang- oder ein Dreigang-Automatikgetriebe an die Hinterräder brachte. Während der Javelin auf dem deutschen Markt floppte, machten er in den Staaten Ford und Chevrolet Konkurrenz.

Aston Martin

Die beiden Engländer Lionel Martin und Richard Bamford beschäftigten sich bereits 1908 mit dem Gedanken, irgendwann einen „richtigen" Sportwagen auf die Räder zu stellen. Anfangs bedienten sie sich für ihre Experimente der Fahrgestelle von Isotta-Fraschini, bis sie 1922 den Schritt in die Selbstständigkeit wagten und unter dem Markennamen Aston Martin ihre Vierzylinder-Wagen mit selbst konstruiertem Chassis auf den Markt brachten. Der Markenname entstand übrigens in Anlehnung an die Aston-Hill-Climb-Rennen, wo sie ihre ersten Siege einfuhren. Leider standen ihre hochwertigen Sportwagen nie im Einklang mit ihren kaufmännischen Grundlagen, weshalb das Unternehmen nach mehreren Krisen von dem Traktorenhersteller David Brown übernommen und saniert wurde.

Modell:	Aston Martin 1.5 Litre
Hubraum / Zylinder:	1493 ccm/4 Zyl.
PS / kW:	60/44
Bauzeit:	1934–1936
Stückzahl:	–

Aston Martin DB 2

Modell:	Aston Martin DB 2
Hubraum / Zylinder:	2580 ccm / 6 Zyl.
PS / kW:	108 / 79,1
Bauzeit:	1951 – 1953
Stückzahl:	–

Trotz permanenter Finanzkrisen hatte Aston Martin in den 30er Jahren stets für Aufmerksamkeit im Motorsport gesorgt, und als es nach dem Zweiten Weltkrieg wieder einmal an Kapital mangelte, rettete 1947 der Industrielle David Brown die Automobilfabrik vor ihrem sicheren Untergang. Brown beabsichtigte, die Sportwagentradition des Hauses Aston Martin fortzuführen, und ließ unter seiner Regie für 1948 ein Sport-Cabriolet, den Typ DB 1 (DB stand für David Brown) entwickeln. Dem ziemlich barock geratenen Wagen folgte bald der elegantere Typ DB 2, der zuerst im Wettbewerbssport von sich Reden machte, bevor er 1950 als Straßenversion erschien. Der DB 2 folgte vom Design her dem Gran-Tourismo-Konzept, einer Designlinie, die in Italien populär geworden war.

Aston Martin DB 5

Modell:	Aston Martin DB 5
Hubraum / Zylinder:	3995 ccm / 6 Zyl.
PS / kW:	282 / 206,6
Bauzeit:	1963 – 1965
Stückzahl:	1063

Schon immer bestimmten finanzielle Schwierigkeiten den Firmenalltag bei Aston Martin. Als 1947 der Industrielle David Brown das angeschlagene Unternehmen übernommen hatte, lancierte man unter seiner Regie die berühmte DB-Baureihe, wobei dieses Kürzel natürlich für David Brown stand. Nach DB 1, DB 2 und DB 4 stellte man mit dem Modell DB 5 ein Objekt der Begierde auf die Räder, denn dieses Automobil wurde in einem Kinofilm durch Mr. James Bond alias 007 weltberühmt. Die Öffentlichkeit konnte den DB 5 bereits 1963 auf der Frankfurter IAA bestaunen. Unter der Haube des eleganten Coupés arbeitete übrigens der gleiche Motor, der auch Lagonda-Automobile auf Trab brachte – diese Marke gehörte in der Zwischenzeit nämlich auch David Brown.

Aston Martin DBS V8

Modell:	Aston Martin DBS V8
Hubraum / Zylinder:	5340 ccm / 8 Zyl.
PS / kW:	340 / 249
Bauzeit:	1969 – 1972
Stückzahl:	405

1967 überraschte Aston Martin die Fachpresse mit einem relativ glattflächig gestylten Modell. Dieser neue Typ DBS wurde vorerst noch von dem bekannten Sechszylindermotor angetrieben – 1969 erfolgte der Umstieg auf ein sportliches V8-Aggregat mit 2 x 2 oben liegenden Nockenwellen. Anders als DB 5 und DB 6 wurde der DBS als vollwertiger Viersitzer ausgelegt. Um das zu ermöglichen, verlängerte man abermals den Radstand (nun 2610 mm) und brachte den Wagen auf eine Gesamtlänge von 4590 mm. Die bis 1969 gebauten Sechszylinder-Versionen brachten es auf eine Höchstgeschwindigkeit von „nur" 240 km/h. Die Idee, sich ab Ende 1969 von diesem Aggregat zu trennen, war eine gute Entscheidung: Mit einem V8-Motor bestückt, kletterte die Tachonadel bis zur 273 km/h-Markierung.

AUBURN

Charles Eckhart, Gründer der amerikanischen Eckhart Carriage Company, baute jahrelang Kutschen, bevor er 1900 auf die Idee kam, sich mit Automobilen zu beschäftigen. Da das Geschäft mit den Motorwagen mehr schlecht als recht lief, übernahm Errett Lobban Cord 1919 das Unternehmen, sanierte den Betrieb und begann, unter dem Markennamen Auburn Luxusautomobile in den Hallen herzustellen. Zur Krönung seiner Modellpalette präsentierte Cord 1932 einen V12-Zylinder, der mit einem Dumpingpreis von nur 1.500 Dollar der Konkurrenz das Fürchten lehren sollte. Cord hatte sich geirrt: Kaum jemand wollte den Wagen haben. Käufer solcher Modelle waren es gewohnt, woanders mehr als das Zehnfache zu zahlen, und stempelten die durchaus hochwertigen Automobile als Billigmarke ab.

Modell:	Auburn 12-160 V12
Hubraum / Zylinder:	6415 ccm / 12 Zyl.
PS / kW:	160 / 117,2
Bauzeit:	1932 – 1936
Stückzahl:	–

Auburn 851 SC

Modell:	Auburn 851 SC
Hubraum / Zylinder:	4590 ccm/8 Zyl.
PS / kW:	115 bis 148 /84 bis 109
Bauzeit:	1934–1936
Stückzahl:	–

Ein ganz besonderes Highlight unter den Auburn-Automobilen, die ihren Markennamen nach der Stadt Auburn im US Bundesstaat Indiana erhielten, war der mit einem Kompressormotor bestückte Typ 851 SC. Das seitengesteuerte Aggregat mit einem Zylinderkopf aus Aluminium verhalf dem Wagen bei zugeschaltetem Kompressor auf eine Höchstgeschwindigkeit von 160 km/h. Dank des großen Hubraums und des enormen Drehmoments reichte ein Dreiganggetriebe zur Kraftübertragung vollkommen aus. 1936 musste nach dem von Cord zu verantwortenden finanziellen Missmanagement die Produktion der Auburn-Wagen eingestellt werden. Auch die Marken Cord und Duesenberg – beides Ableger von E. L. Cords Imperium – verschwanden von der Bildfläche.

Modell:	Audi Alpensieger Typ C
Hubraum / Zylinder:	3564 ccm / 4 Zyl.
PS / kW:	35 / 25,6
Bauzeit:	1912 – 1921
Stückzahl:	–

August Horch, Gründer der Zwickauer Horchwerke AG, verließ 1909 das von ihm aufgebaute Unternehmen und initiierte eine neue Automobilfabrik, die er aus rechtlichen Gründen aber nicht mehr nach seinem Namen benennen durfte. Mit einem Trick – der Übersetzung seines Namens ins Lateinische (horch = audi) – rief er die Audi-Werke ins Leben. Audi fertigte diverse großvolumige Vierzylinder-Wagen und lancierte 1911 das Modell Alpensieger. Durch eine einmalige Siegesserie von 1912 bis 1914 in Folge erntete diese Baureihe auf der schwierigsten Langstreckenkonkurrenz der Welt, der Internationalen Österreichischen Alpenfahrt, besonderen Ruhm. Nach dem Ersten Weltkrieg zählte Audi übrigens zu den Herstellern, die als erste den Schalthebel für das Getriebe nicht mehr außen, sondern in der Wagenmitte platzierten.

Audi 920

Modell:	Audi 920
Hubraum / Zylinder:	3281 ccm/6 Zyl.
PS / kW:	75/55
Bauzeit:	1938 – 1940
Stückzahl:	ca. 1200

Als die Audi-Werke 1932 in die Auto Union (Zusammenschluss der Marken Audi, DKW, Horch und Wanderer) integriert wurden, entwickelte Audi mit dem Modell Front 225 eine Baureihe der oberen Mittelklasse. Als Nachfolger für dieses 1933 lancierte Modell brachte man fünf Jahre später den Audi 920 auf den Markt. Als seine Serienproduktion im November 1938 anlief, standen serienmäßig zwei Versionen zur Wahl – eine Limousine mit sechs Fenstern und ein Cabriolet. Der Preis des Typs 920 lag zwischen 7.600 und 8.750 Reichsmark – das machte den Wagen für diejenigen interessant, die sich aus finanziellen Gründen bisher keinen Horch leisten konnten.

Austin

Herbert Austin, der 1905 im britischen Longbridge eine Automobilfabrik gründete, baute jahrelang große Sechszylinder-Modelle, bevor er 1922 seinen legendären Kleinwagen, den Seven, entwickelte. 1927 lief der 50 000ste Wagen vom Band, und neben der gängigsten Version als offener Tourer ergänzten zahlreiche Sonderkarosserien die Modellpalette. 1952 initiierte Herbert Austin gemeinsam mit seinem Mitbewerber Morris die BMC (British Motor Corporation), und 1959 sorgte die Marke Austin abermals mit einem außergewöhnlichen Kleinwagen, dem Mini, für Aufmerksamkeit.

Modell:	Austin Seven Serie 1
Hubraum / Zylinder:	747 ccm / 4 Zyl.
PS / kW:	10,5 / 7,7
Bauzeit:	1922 – 1924
Stückzahl:	–

Austin A 30

Modell:	Austin A 30
Hubraum / Zylinder:	803 ccm/4 Zyl.
PS / kW:	30/22
Bauzeit:	1951–1959
Stückzahl:	ca. 225 000

Anfang der 50er Jahre kursierten Gerüchte, dass Austin mit einem neuen Modell in die Fußstapfen des legendären Seven der Vorkriegszeit treten wollte: Man brachte 1951 den A 30 Seven auf den Markt – nach fünf Jahren Bauzeit wurde dieses Modell (Austins erster Wagen mit selbsttragender Karosserie!) durch den Typ A 35 ergänzt. Als die Austin Motor Company 1952 mit der Nuffield-Gruppe (Morris, MG, Wolseley und Riley) zur British Motor Corporation (BMC) fusionierte, stellte man dem viertürigen A 30 (4 Zylinder; 803 ccm; 30 PS) noch einen Zweitürer als Sparversion gegenüber. Glücklich wurde BMC mit beiden Wagen nicht. Erst mit dem 1959 von Alec Issigonis lancierten Mini konnte man auf dem Kleinwagenmarkt wieder erfolgreich Fuß fassen.

Austin Mini

Modell:	Austin Mini
Hubraum / Zylinder:	848 ccm / 4 Zyl.
PS / kW:	34,5 / 25,3
Bauzeit:	1959 – 1967
Stückzahl:	–

Der anfangs auch Austin Seven genannte Mini entstand als Reaktion auf die Suezkrise von 1956, denn man sah nun die Zukunft des Automobils im Kleinwagen. Von der Presse gleich begeistert gefeiert und vom Publikum anfangs abgelehnt, musste sich der Mini (er debütierte gleichzeitig auch als Austin Seven 850 und als Morris Mini Minor 850) erst durchboxen, bis man ihn akzeptierte. Zu ungewöhnlich war sein Konzept. Mit einer knapp geschnittenen selbsttragenden Karosserie (2030 mm Radstand; 3050 mm Gesamtlänge) und einem quer platzierten Vierzylinder (848 ccm; 35 PS) hatte der Fronttriebler dennoch den Kleinwagenbau revolutioniert. Das Ziel, ein sparsames und kostengünstiges Automobil fürs Volk zu bauen, hatte Issigonis erreicht.

Austin-Healey

Modell:	Austin-Helaey 100
Hubraum / Zylinder:	2660 ccm/4 Zyl.
PS / kW:	91/66,7
Bauzeit:	1952–1956
Stückzahl:	ca. 12900

1952 übernahm die British Motor Corporation (BMC) die Produktion und den Vertrieb eines von Donald Healey entwickelten Sportwagens. Bereits im Jahr zuvor präsentierte Healey den Prototyp seines Typ 100 genannten Vierzylinders auf der Londoner Motor Show. Der Zufall wollte es, dass sich ausgerechnet der Generaldirektor der Austin-Werke für diese Studie interessierte – schließlich liebäugelte man hier schon seit längerem mit einem sportlichen Modell. Healey erkannte die Chance, sein Vorhaben durch Austin realisieren zu lassen, denn nur mit Hilfe eines renommierten Herstellers ließen sich hohe Stückzahlen erreichen. Das unter der Modellbezeichnung Austin-Healey 100 verwirklichte Projekt füllte bald die Preislücke zwischen den günstigen MG-T-Modellen und dem teuren Jaguar XK 120.

Austin-Healey 100/6

Modell:	Austin-Healey 100/6
Hubraum / Zylinder:	2639 ccm / 6 Zyl.
PS / kW:	103 PS
Bauzeit:	1956 – 1959
Stückzahl:	ca. 14 450

Der Erfolg des 100 Meilen (160 km/h) schnellen Austin-Healey 100 ließ nicht lange auf sich warten. Käufer rissen sich förmlich um diesen Roadster, und Donald Healey machte sich bereits Gedanken, wie er das Fahrvergnügen noch steigern könne. Im Zuge der Weiterentwicklung und Modellpflege experimentierte er mit einem durchzugskräftigen Sechszylinder-Aggregat aus dem Hause Morris, das die Laufkultur des Sportwagens verbessern sollte. Außerdem wurde über eine Verlängerung des Radstands (2340 anstelle von 2290 mm) sowie die Platzierung hinterer Notsitze nachgedacht. All diese Veränderungen bescherten den Sportwagenenthusiasten schließlich den Austin-Healey 100/6, der es auf eine Höchstgeschwindigkeit von etwa 170 km/h brachte.

Austin-Healey Sprite Mk I

Modell:	Austin-Healey Sprite Mk I
Hubraum / Zylinder:	948 ccm/4 Zyl.
PS / kW:	42,5/31,1
Bauzeit:	1958–1961
Stückzahl:	ca. 39000

Um auch Sportwagenfans mit schmalerem Geldbeutel den Genuss des Healey-Fahrens zu ermöglichen, entschied man, für 1958 einen besonders preiswerten Roadster auf den Markt zu bringen, der vor allem jüngere Fahrerinnen und Fahrer ansprechen sollte. Aufgrund der eigenwilligen Position der Scheinwerfer wurde das Modell Sprite im Volksmund bald nur noch „Frog" (Frosch) genannt. Die ungewöhnliche Frontpartie ergab sich übrigens daraus, dass amerikanische Bestimmungen eine gewisse Mindesthöhe der Hauptscheinwerfer vorschrieben. Der knapp unter der 1-Liter-Klasse angesiedelte Sprite war für leistungssteigerndes Tuning geradezu geschaffen. Auf dem Markt waren jede Menge Umbausätze zu haben, und selbst das Werk offerierte einen Kompressor, der die Leistung auf 60 PS anheben konnte.

Auto Union

Am 3. September 1949 wurde in Ingolstadt mit der Auto Union GmbH eine neue Gesellschaft ins Leben gerufen, die die Kraftfahrzeugtradition der „vier Ringe" fortführte. Sie galt als die Vorgängerin der heutigen AUDI AG. Mit ihr sollte im Westen Deutschlands fortgeführt werden, was die ehemalige Auto Union AG in Sachsen begonnen hatte, doch es war ein Neubeginn unter ärmlichen Verhältnissen. 1950 wurde die PKW-Produktion nach Düsseldorf verlegt – in Ingolstadt rollten weiterhin Motorräder von den Bändern. Das Highlight der Automobilfertigung war das große Auto Union 1000 S Coupé – dieser Wagen mit großzügiger Panoramaverglasung entsprach in allen Details dem Zeitgeschmack.

Modell:	Auto Union 1000 S Coupé
Hubraum / Zylinder:	980 ccm/3 Zyl.
PS / kW:	50/36,6
Bauzeit:	1958–1963
Stückzahl:	–

Autobianchi

Modell:	Autobianchi Bianchina Cabriolet
Hubraum / Zylinder:	500 ccm / 2 Zyl.
PS / kW:	21 / 15,4
Bauzeit:	1960 – 1970
Stückzahl:	ca. 9 000

Die italienische Marke Bianchi, die 1955 gemeinsam mit Fiat und dem Reifenhersteller Pirelli noch einmal als Autobianchi SpA neu gegründet wurde, spezialisierte sich auf den Bau von individuellen Kleinwagen, die vom Konzept her den Fiat-Modellen 500 und 600 entsprachen. Mit dem Bianchina Special Cabriolet debütierte 1960 das luxuriöseste und eleganteste Fahrzeug, das es jemals auf Fiat-500-Basis gegeben hat. Das nur 3040 mm kurze Cabrio (2 Zylinder; 500 ccm; 21 PS) mit viel Chromschmuck und modernen pfostenlosen Kurbelfenstern stieß prinzipiell auf Begeisterung – nicht nur in Italien! Auch in der abgewandelten Form als kleiner Kombi (Modell Panoramica) machte das Auto bis 1970 eine gute Figur.

Bentley

Walter Owen Bentley setzte sich 1919 ganz besondere Ziele: Weil er den ersten typisch britischen Sportwagen bauen wollte, standen am Anfang seiner Experimente bereits starke Vierzylinder-Wagen, die ihre Tauglichkeit im harten Wettbewerbssport unter Beweis stellen mussten. Von diesen so genannten 3-Liter-Modellen wurde 1926 der stärkere Typ 4 1/2 Liter abgeleitet. Obwohl viele Bentleys mit eleganten Karosserien bestückt wurden, stützte sich der Ruf der Marke vor allem auf die imposanten Hubraumboliden der 20er Jahre. Finanzielle Fehleinschätzungen führten 1931 zum Verkauf der Marke an Rolls-Royce, die ihrem Image entsprechend rennsportlichen Aktivitäten entsagte.

Modell:	Bentley 4 1/2 Liter
Hubraum / Zylinder:	4398 ccm/4 Zyl.
PS / kW:	110/80,5
Bauzeit:	1926–1930
Stückzahl:	665

Bentley R-Type

Modell:	Bentley R-Type
Hubraum / Zylinder:	4566 ccm / 6 Zyl.
PS / kW:	keine Leistungsangaben
Bauzeit:	1952 – 1955
Stückzahl:	2528

Als 1952 die ersten Bentley R-Type das Werk verließen, durften sie sich rühmen, das seinerzeit teuerste Automobil der Welt gewesen zu sein: Etwa 230.000 Mark kostete das Vergnügen, sich entspannt in diesem bequemen Luxusgefährt (Radstand = 3048 mm!) chauffieren zu lassen. Die Frage nach der Höchstgeschwindigkeit spielte bei einem Automobil dieser Kategorie zwar nur eine untergeordnete Rolle, doch es war beruhigend zu wissen, dass etwa 160 km/h erreicht werden konnten. Wem die Fließheckkarosserie aus irgendeinem Grunde nicht zusagte, konnte den R-Type alternativ als Fahrgestell mit Motor ordern: Die Gestaltung der Wunschkarosserie wurde gerne von renommierten Karosseriers übernommen.

Bentley S 2

Modell:	Bentley S 2
Hubraum / Zylinder:	6230 ccm / 8 Zyl.
PS / kW:	keine Leistungsangaben
Bauzeit:	1959 – 1962
Stückzahl:	2308

Bentleys Modelle S 2 und S 2 Continental wurden als Alternative zum Silver Cloud II gebaut und von einem V8-Motor (Leichtmetall) angetrieben. Wie immer, wurde die Leistungsangabe mit mehr als ausreichend angegeben, auch wenn Nebenaggregate wie die Servolenkung, die Klimaanlage oder das Automatikgetriebe an einem Teil der Kraft zehrten. Entgegen der Tradition, Bentleys mit Sonderkarosserien zu bestücken, hielt sich diese Maßnahme beim S 2 in Grenzen – nur einige Spezialisten wie Park Ward, Hooper, H.J. Mulliner oder James Young teilten sich den Markt auf, um jene Besitzer zu bedienen, die hauptsächlich den S 2 Continental favorisierten. Während die Mehrzahl aller S 2 auf einem Radstand von 3124 mm basierte, erhielten 57 Wagen einen Unterbau mit 3225 mm Radstand.

Benz

Modell:	Benz Patent Motorwagen
Hubraum / Zylinder:	954 ccm/1 Zyl.
PS / kW:	0,75/0,5
Bauzeit:	1886
Stückzahl:	Einzelstück/Versuchswagen

Karl Benz kam 1844 in Karlsruhe zur Welt und studierte dort später an der Polytechnischen Hochschule. Seine Ideen und deren Umsetzung nahmen Fahrt auf, als er mit Max Rose und Friedrich Wilhelm Esslinger 1883 die Firma Benz & Co. Rheinische Gasmotorenfabrik in Mannheim gründete. In dieser finanziell gesicherten Konstellation fand Karl Benz ein Umfeld, das seine Vision der individuellen Mobilität Realität werden ließ; hier entwickelte er seinen Motorwagen – nicht einfach eine motorisierte Kutsche, sondern eine vollkommen eigenständige Konstruktion. 1886 war es so weit: Am 29. Januar meldete er sein dreirädriges Fahrzeug mit Gasmotorenantrieb zum Patent an – das erste Automobil der Welt war offiziell geboren.

Benz 16/50 PS

1926, kurz vor dem Zusammenschluss der Firma Benz mit der Daimler-Motorengesellschaft zur gemeinsamen Marke Daimler-Benz, rangierte am oberen Ende der Benz-Modellpalette ein relativ konservativer Wagen, dessen grundsolide Qualität aber für einigermaßen volle Auftragsbücher sorgte. Die meist mit einem voluminösen Limousinenaufbau bestückten Fahrgestelle (3480 mm Radstand) entsprachen der damals bekannten Standardbauweise und rollten auf massiven Holzspeichenrädern Drahtspeichenräder, die den 16/50 PS eleganter aussehen ließen, waren nur als Extra zu haben. Je nach Karosserieart lag der Einstiegspreis eines großen Benz zwischen 12.900 und 15.000 Reichsmark.

Modell:	Benz 16/50 PS
Hubraum / Zylinder:	4160 ccm/6 Zyl.
PS / kW:	50/36,7
Bauzeit:	1921 – 1926
Stückzahl:	–

BMW

Modell:	BMW 3/15 PS DA 2
Hubraum / Zylinder:	748 ccm/4 Zyl.
PS / kW:	15/11
Bauzeit:	1929–1931
Stückzahl:	ca. 16000

Die Verwandtschaft zum Austin Seven ließ sich nicht leugnen, als dieses Automobil mit BMW-Emblem am Kühler erstmals auf den Straßen auftauchte. Verglichen mit anderen Fahrzeugherstellern, stieg BMW 1928 mit der Übernahme der Dixi Werke erst relativ spät in den Automobilbau ein. Zunächst führte man die Produktion des dort entwickelten Modells DA 1 unter dem Namen Dixi weiter. Im Juli 1929 wurde aus diesem Modell dann das erste Automobil mit blau-weißem Markenzeichen – der BMW 3/15 PS. Die Unterschiede gegenüber dem Dixi fielen erst bei genauerem Hinsehen auf, denn BMW verzichtete zugunsten einer breiteren Karosserie auf Trittbretter. Der kleine BMW wurde zuerst offen mit Klappverdeck, später auch als Limousine gefertigt.

BMW 315/1

Modell:	BMW 315/1
Hubraum / Zylinder:	1490 ccm/6 Zyl.
PS / kW:	40/29,3
Bauzeit:	1934–1935
Stückzahl:	230

Auf der Berliner Automobilausstellung 1933 zeigte BMW den Prototypen eines Sportroadsters mit auffallend schöner Linienführung, dessen Motor als Novum anstelle von zwei mit drei Vergasern bestückt wurde. Das Publikum fand an dem dezent leistungsgesteigerten Wagen so viel Gefallen, dass eine Serienfertigung in kleinem Umfang beschlossen wurde – nicht zuletzt auch, um im prestigeträchtigen Rennsport ein Wort mitreden zu können. Ab Sommer 1934 war der Roadster für stolze 5.200 Reichsmark zu haben. Mit dem Prototypen verglichen, gab es inzwischen eine andere Anordnung der Scheinwerfer sowie seitliche Lüftungsgitter in der Motorhaube – ursprünglich waren nur Schlitze geplant. Mit dem 315/1 nahm übrigens die Geschichte der BMW-Automobile auf der Rennstrecke ihren Anfang.

BMW 328

Modell:	BMW 328
Hubraum / Zylinder:	1971 ccm / 6 Zyl.
PS / kW:	80 / 58,6
Bauzeit:	1936 – 1939
Stückzahl:	464

In aller Stille entwickelte BMW Mitte der 30er Jahre diesen Sportwagen, der bald für große Aufmerksamkeit sorgen sollte und BMW einen der vorderen Plätze in der internationalen Renngeschichte einbrachte. Zwar gehörte man mit den Typen 315/1 und 319/1 zu den renommierten Automobilherstellern, doch die Konkurrenz bot immer stärkere Modelle an und die leistungsschwächeren 319/1 reichten nicht mehr aus, um weiterhin vorn mitfahren zu können. Da der kleinen Rennsportabteilung nur geringe Mittel zur Verfügung standen, musste bei dem neuen Modell auf Bewährtes zurückgegriffen werden, weshalb ein stabiler Rohrrahmen mit Kastenquerträgern die Basis für den neuen 328 bildete.

BMW 326 Limousine

Nach bescheidenen Anfängen mit dem Dixi-Nachfolger (3/15 PS) hatte BMW ab 1933 immer mehr anspruchsvollere Wagen im Verkaufsprogramm. Allerdings unterschieden sich die Baureihen 303, 309, 315 und 319 von der Größe der Karosserie kaum – sie entsprachen in diesem Punkt der unteren Mittelklasse. Um auch für Kunden mit gehobenen Wünschen an Geräumigkeit und Komfort ein repräsentatives Modell bereit zu halten, wurde für 1935 eine große Limousine entwickelt. Für ihren Antrieb modifizierte man den bisherigen

Modell:	BMW 326
Hubraum / Zylinder:	1971 ccm / 6 Zyl.
PS / kW:	50 / 36,7
Bauzeit:	1936 – 1941
Stückzahl:	15 873

Sechszylindermotor durch leichtes Aufbohren zum 2-Liter-Aggregat. Während das Fahrgestell samt Antrieb in Eisenach entstand, wurden die Ganzstahlkarosserien mit moderner „Nierenfront" (sie bestimmte ab nun das Aussehen aller Folgemodelle!) bei dem Zulieferer Ambi-Budd in Berlin gebaut.

BMW 501

Modell:	BMW 501
Hubraum / Zylinder:	1971 ccm/6 Zyl.
PS / kW:	65/47,6
Bauzeit:	1952–1958
Stückzahl:	ca. 8900

Besucher der Internationalen Frankfurter Automobilausstellung 1951 muss es förmlich die Sprache verschlagen haben, denn das, was sie auf dem Stand von BMW zu sehen bekamen, war kein Kleinwagen fürs Volk, sondern eine wuchtige Karosse der automobilen Oberklasse. Wenn man bedenkt, dass die Münchener 1949 mit den Arbeiten für ihren ersten Nachkriegswagen begannen und zwei Jahre später eine fast serienreife Version präsentierten, so war das eine wirklich stolze Leistung. Der Neuling nannte sich BMW 501 und startete, entgegen der Formgebung anderer Automobile dieser Zeit, mit einer sehr individuell zugeschnittenen Linienführung. Technische Probleme im Karosseriewerk verzögerten den Serienanlauf, so dass der im Volksmund „Barockengel" genannte Wagen erst Ende 1952 ausgeliefert werden konnten.

BMW 507

Nach einem sehr bescheidenen Neubeginn 1948 als Fahrzeughersteller hatte BMW zur Überraschung der Fachpresse bereits 1951 wieder einen großen Luxuswagen präsentiert. Der teilweise auf Vorkriegstechnik basierende 501 hatte die Marke wieder ins Rampenlicht der autobegeisterten Welt gerückt. Auch ein noch exklusiver angesiedeltes Modell mit V8-Motor, der Typ 502, konnte in vielen Varianten ab 1954 die Käufer beeindrucken. Auf Anraten des amerikanischen BMW-Importeurs befasste man sich ab 1954 intensiv mit der Konstruktion sportlicher Versionen des Typs 502, die hauptsächlich für die verwöhnte Klientel aus Übersee gedacht waren. All diese Entwürfe entstanden am Zeichenbrett des Designers Albrecht Graf Goertz, einem ehemaligen Schüler des Design-Papstes Raymond Loewy.

Modell:	BMW 507
Hubraum / Zylinder:	3168 ccm/8 Zyl.
PS / kW:	150/110
Bauzeit:	1955–1959
Stückzahl:	254

BMW Isetta 250

Modell:	BMW Isetta 250
Hubraum / Zylinder:	245 ccm/1 Zyl.
PS / kW:	12/8,8
Bauzeit:	1955–1962
Stückzahl:	ca. 161 360

Die Luxuswagen, die BMW ab 1952 zuerst fertigte, waren zwar für die „Crème der Gesellschaft" interessant, doch dem bayerischen Automobilbauer wurde klar, dass – um selbst überleben zu können – ein preisgünstiges und in hohen Stückzahlen verkaufbares Fahrzeug ins Programm aufgenommen werden musste. Um kein Kapital in kostenintensive Neuentwicklungen investieren zu müssen, hielt BMW nach einem Konzept Ausschau, das man in Lizenz bauen könnte. Dabei fiel der Blick auf ein eiförmiges Vehikel der in Bresso bei Mailand ansässigen Firma ISO. Nach genauer Prüfung wurde die originelle Isetta als tauglich befunden und der Lizenzvertrag kam zustande – was letztendlich die Rettung für BMW bedeutete. Am 5. April 1955 wurde die neue BMW Isetta in Rottach-Egern der Presse vorgestellt.

BMW 1600 Cabriolet

Modell:	BMW 1600 Cabriolet
Hubraum / Zylinder:	1573 ccm / 4 Zyl.
PS / kW:	75 / 54,9
Bauzeit:	1967 – 1971
Stückzahl:	1938

Mit der so genannten „Neuen Klasse“ präsentierte BMW 1961 einen viertürigen Mittelklassewagen. Um das Programmangebot nach unten hin abzurunden, stellte man dieser Baureihe 1966 einen kleineren Zweitürer, den BMW 1600, an die Seite. Der Wagen, der anfangs nur wenig Beachtung fand, entwickelte sich jedoch bald zu einem Bestseller. BMW ließ dem 1600er reichlich Modellpflege angedeihen und brachte das extrem handliche Fahrzeug in immer mehr Versionen auf den Markt. Zweieinhalb Jahre nach Produktionsbeginn stand schon eine 120 PS starke Topversion (Typ 2002 ti) bei den Händlern, doch es sollten noch viele andere Varianten folgen.

BMW 3.0 CSi

Modell:	BMW 3.0 CSi
Hubraum / Zylinder:	2985 ccm/6 Zyl.
PS / kW:	220/161,2
Bauzeit:	1971–1975
Stückzahl:	–

Mit der Präsentation des BMW 2000 C im Jahre 1965 nahmen die Bayerischen Motorenwerke ein elegantes Coupé ins Programm, das zwar im Hause entwickelt, aber außer Haus gebaut wurde – bei den renommierten Karmann-Werken in Osnabrück. Die Urversion dieses flotten Wagens musste sich schon bald der Modellpflege beugen. Als das Coupé ab 1968 zum 2800 CS herangereift war, hatte es dank der verlängerten Motorhaube und anderen optischen Retuschen eine noch ausgeglichenere Form erhalten. Der ab 1971 gefertigte 3.0 CSi wurde schließlich mit einem durchzugskräftigen Einspritzmotor bestückt – seine an die Hinterachse gebrachte Leistung (200 PS) beschleunigte den eleganten CSi bis auf 220 km/h.

Bond

Modell:	Bond Minicar Mark C
Hubraum / Zylinder:	197 ccm / 1 Zyl.
PS / kW:	2 / 1,5
Bauzeit:	1951 – 1954
Stückzahl:	ca. 6700

Das erste Dreiradvehikel von Lawrence Bond, ein offener Zweisitzer mit Aluminiumkarosserie, kam bereits 1949 heraus. Zwei Jahre später erschien Bonds Minicar in dritter Auflage, und mit diesem Modell, dem Mark C, konnte sich die bei der Firma Sharp's Commercial Ltd. gebaute Konstruktion sogar die Vormachtstellung auf dem Dreiradmarkt erkämpfen. Obwohl das Mobil nur ein vorderes Einzelrad besaß, erhielt es entgegen britischem Understatement zwei vordere Kotflügelattrappen – über Geschmack ließ sich schon immer streiten. Das Genialste an diesem Wagen aber war, dass man ihn auf der Stelle wenden konnte: Sein vorderes Einzelrad mitsamt dem Motor ließ sich exakt 90 Grad einschlagen!

BORGWARD

Modell:	Borgward Isabella Coupé
Hubraum / Zylinder:	1493 ccm/4 Zyl.
PS / kW:	75/54,9
Bauzeit:	1957–1961
Stückzahl:	–

Die ersten Borgward-Automobile debütierten bereits 1939. In den 50er Jahren sorgte Firmengründer Carl F. Borgward, zu dessen Imperium auch die Marken Goliath und Lloyd zählten, mit der fortschrittlichen „Pontonkarosserie" für Aufmerksamkeit – der im Werk Bremen gebaute Borgward Isabella gehörte damals zu den modernsten deutschen Automobilen. 1961musste der Konzern wegen Überschuldung den Automobilbau einstellen. Zu den Highlights der Epoche Borgward zählte das elegante zweisitzige Isabella Coupé. Wie bei der Limousine auch, führte man die Karosserie in selbsttragender Bauweise aus und schweißte zusätzliche Profile ein. Die Reichhaltigkeit der serienmäßigen Ausstattung war ein weiterer Vorzug dieses Automobils: Zeituhr und Kühlerthermometer zählten ebenso zum Standard wie hintere Ausstellfenster, und beim Coupé überzeugte vor allem der 75 PS starke Motor.

Brewster

Das 1810 im amerikanischen New Heaven gegründete Kutschbauunternehmen Brewster versuchte, ab 1915 auch im Automobilbau Fuß zu fassen, doch im Zeitraum von zehn Jahren verließen nur etwa 300 Automobile die Werkshallen. 1925 trennte sich Brewster von diesem Geschäftsbereich und baute lieber elegante Sonderkarosserien für Luxuswagen wie Rolls-Royce oder Packard. Typisches Erkennungszeichen aller Brewster-Wagen waren ihr leicht oval gestylter Kühlergrill und der für die Wagengröße relativ ungewohnte

Modell:	Brewster
Hubraum / Zylinder:	4536 ccm / 4 Zyl.
PS / kW:	ca. 60 / 44
Bauzeit:	1915 – 1919
Stückzahl:	–

kurze Radstand. Unter der Haube werkelte ein 4,5-Liter-Motor mit außergewöhnlicher Laufruhe, der nach dem Knight-System arbeitete. Ein Brewster zählte damals zu den wenigen Wagen, die bereits ab Werk serienmäßig mit einer kompletten elektrischen Ausstattung geliefert wurden.

Bristol

Modell:	Bristol 405
Hubraum / Zylinder:	1971 ccm/6 Zyl.
PS / kW:	107/78,3
Bauzeit:	1953–1957
Stückzahl:	ca. 300

Die Idee, Automobile zu bauen, beschäftigte den britischen Flugzeughersteller Bristol schon in den frühen 40er Jahren. Als 1947 der erste Bristol sein Debüt feierte, ließ sich eine gewisse Ähnlichkeit zu BMW-Modellen nicht verleugnen – immerhin hatte Bristol im Zuge von Reparationsleistungen die Pläne des BMW 327 erhalten. Auch zum Antrieb bediente man sich lange Zeit bewährter BMW-Technik, bevor die Wahl unter anderem auf amerikanische V8-Motoren fiel. Mit dem Typ 405 erschien 1953 erstmals ein viertüriger Bristol. Erfolgreich war der Wagen gerade nicht, aber er besaß jede Menge interessanter Detaillösungen: So ließen sich die Vorderkotflügel nach oben klappen – denn hier positionierte man nicht nur das Reserverad, sondern auch die Batterie!

Bugatti

Bevor sich Ettore Bugatti 1909 im elsässischen Molsheim selbstständig machte, arbeitete er unter anderem für Peugeot und die Gasmotorenfabrik Deutz. Schon die ersten unter dem Markennamen Bugatti entstandenen Automobile rangierten zweifelsohne in der Klasse hochkarätiger Sportwagen. Erst 1921 erschien im Gegensatz zu seinen hubraumstarken Achtzylindern ein Modell leichterer Bauart – der T 23. Beim T 23 handelte es sich um einen fortschrittlichen Sechzehnventiler, der von der Bauart her in der Klasse leichtgewichtiger Voituretten zuhause war. Tester des englischen Magazins „Light Car" beurteilten den T 23 damals mit den Worten: „Mit dem enggestuften Vierganggetriebe und dem kraftvollen Motor lässt sich der Wagen leicht bewegen, wobei er auf jede noch so winzige Bewegung von Lenkrad oder Pedalen stets spontan reagiert. Nach Ende des Zweiten Weltkriegs wurde der Automobilbau noch eine Weile fortgeführt, doch an die Erfolge der 30er Jahre konnte das Unternehmen nicht mehr anknüpfen – 1963 gingen die Fabrikanlagen in den Besitz der Firma Hispano Suiza über.

Modell:	Bugatti T 23 Brescia
Hubraum / Zylinder:	1496 ccm / 4 Zyl.
PS / kW:	30 / 22
Bauzeit:	1921 – 1926
Stückzahl:	–

Bugatti 35 A

Modell:	Bugatti 35 A
Hubraum / Zylinder:	1991 ccm / 8 Zyl.
PS / kW:	75 / 55
Bauzeit:	1926 – 1930
Stückzahl:	130

Bugattis typischer Grand-Prix-Wagen, der Typ 35, betrat beim Grand Prix von Lyon 1924 zum ersten Mal rennsportlichen Boden. Auf einem sich nach hinten hin verjüngenden Fahrgestell aufgebaut, erhielt der 35 die für ihn charakteristische Heckpartie. Vorn dominierte ein hufeisenförmiger Kühler, dessen Größe und typische Form im Laufe der Jahre auch anderen Bugatti-Wagen angepasst wurde. Um dem enormen Interesse, das die Öffentlichkeit dem Typ 35 entgegenbrachte, gerecht zu werden, entschloss sich Bugatti, das Grand-Prix-Fahrzeug als Typ 35 A in leicht abgewandelter Form für den Privatfahrer herauszubringen. Diese Wagen rollten auf grazilen Drahtspeichenrädern daher, während die Grand-Prix-Renner mit eleganten gewichtsparenden Aluminiumgussrädern an den Start gingen.

Bugatti T 44

Für den Modelljahrgang 1928 präsentierte Bugatti auf dem Pariser Salon unter dem Kürzel T 44 einen Wagen, den ein englischer Journalist als einer der ersten Pressevertreter ausgiebig testen durfte. Kurz und bündig schrieb er: „… dieser Bugatti-Test war in der Tat einer der kürzesten, die ich je durchgeführt habe. Ich wusste ja schließlich im Voraus, was ich von einem Bugatti zu erwarten hatte und war selbstverständlich auf die beeindruckende Motorleistung ebenso vorbereitet wie auf die perfekte Funktion von Kupplung und Getriebe. Ich wusste auch schon vor der Fahrt, dass Lenkung und Federung kaum zu verbessern waren, und so musste ich nur noch prüfen, ob der Achtzylinder sich so benahm, wie ich es von einem Achtzylinder erwartete. Ich kann mich nicht erinnern, jemals innerhalb so kurzer Zeit soviel Fahrfreude erlebt zu haben …“

Modell:	Bugatti T 44
Hubraum / Zylinder:	2991 ccm / 8 Zyl.
PS / kW:	95 / 70
Bauzeit:	1928 – 1931
Stückzahl:	1095

Bugatti Typ 57 Atalante

Modell:	Bugatti Typ 57 Atalante
Hubraum / Zylinder:	3257 ccm / 8 Zyl.
PS / kW:	160 / 117,2
Bauzeit:	1937 – 1940
Stückzahl:	ca. 700 (gesamte Baureihe)

Mit einem Radstand von 3300 mm und einer Spurweite von 1350 mm ließen sich auf dem Fahrgestell des Bugatti 57 Karosserieaufbauten äußerster Eleganz realisieren. Während ein Großteil der Kundschaft auf die Anfertigung einer Sonderkarosserie bestand, gaben sich manche mit Serienaufbauten zufrieden, die einen Vergleich zu anderen Entwürfen nicht scheuen mussten: Es handelte sich nämlich um Entwürfe von Jean Bugatti, die er nach Alpenpässen benannte! So war beim geschlossenen Viertürer von der Version Galibier die Rede, der Zweitürer mit extrem schräg gestellter Windschutzscheibe wurde als Modell Ventoux gelistet, und das viersitzige Cabriolet nannte sich Stelvio. Allerdings wurden die Aufbauten nicht im eigenen Hause, sondern beim Karosserier Gangloff in Colmar gefertigt.

Buick

Modell:	Buick Modell C
Hubraum / Zylinder:	2600 ccm/2 Zyl.
PS / kW:	16/11,7
Bauzeit:	1905
Stückzahl:	–

David Dunbar Buick verkaufte 1899 sein auf die Fertigung von Installationsmaterial spezialisiertes Unternehmen, um sich mit den Einsatzmöglichkeiten der neuartigen Verbrennungsmotoren befassen zu können. Kurz nachdem sein erstes unter der Regie des Ingenieurs Walter Marr entwickeltes Automobil auf den Markt kam, musste sich Buick finanziell neu orientieren, um weiterhin bestehen zu können. Er gründete die Buick Motor Company, in der zwar 1904 ein paar Dutzend weiterer Automobile entstanden, doch erst als er mit William Durant – einem ehemaligen Konkurrenten – zusammenarbeitete, füllten sich die Auftragsbücher. Durant schrieb auf der New Yorker Auto Show mehr als 1000 Bestellungen und verhalf Buick somit, neuntgrößter Automobilhersteller der USA zu werden. Mit dem Buick Typ C brachte man schließlich ein Automobil auf den Markt, das dem Unternehmen dann endlich zum großen Durchbruch verhalf.

Buick Century

Modell:	Buick Century
Hubraum / Zylinder:	3768 ccm / 8 Zyl.
PS / kW:	95 / 70
Bauzeit:	1936
Stückzahl:	–

Nachdem sich Buick von den Auswirkungen der Ende der 20er Jahre einsetzenden Wirtschaftskrise erholt hatte, eröffnete man das nächste Jahrzehnt mit einem Motorenkonzept der neuesten Generation, denn die alten Sechszylinder hatten ausgedient und wurden durch noch laufruhigere Achtzylinder ersetzt. Diese Aggregate ermöglichten es, bequeme Reisewagen auf die Räder zu stellen. Zusätzlich profitierte die Optik der neuen Fahrzeuggeneration vom so genannten Streamline-Look, dessen Linienführung durch die Verwendung von Chrom-Zierrat dezent unterstrichen wurde. Weil dank des großen Hubraums reichlich Drehmoment zur Verfügung stand, wurden die Wagen mit einem Dreiganggetriebe bestückt – das war ausreichend – die zweite Gangstufe ließ sich bis 85 km/h nutzen.

Buick Y-Job

Entgegen der weitläufigen Meinung, amerikanische Concept-Cars gäbe es erst seit den 50er Jahren, entwickelte Buick mit dem Y-Job bereits 1937 einen Versuchsträger, den man als das erste Projekt-Car der Welt bezeichnen darf. Die Idee, diesen auf einem Buick-Roadmaster-Fahrgestell basierenden Giganten zu bauen, stammte von Harley Earl, einem begnadeten Designer, der 1920 schon Sonderkarosserien für Filmstars entworfen hatte. Der Name Y-Job wurde gewählt, weil viele andere Autobauer ihre Projektstudien „X“ nannten. Abgesehen davon, dass es sich bei dem monströsen Wagen „nur“ um ein zweisitziges Cabrio handelte, besaß der Y-Job viele Extras wie Klappscheinwerfer, elektrische Fensterheber, versenkte Türgriffe und ein Verdeck, das unter einer Klappe im Heck verborgen werden konnte.

Modell:	Buick Y-Job
Hubraum / Zylinder:	5200 ccm / 8 Zyl.
PS / kW:	141 / 103,2
Bauzeit:	1937 – 1938
Stückzahl:	Einzelstück

Buick 70 Roadmaster

Modell:	Buick 70 Roadmaster
Hubraum / Zylinder:	5276 ccm/8 Zyl.
PS / kW:	202/148
Bauzeit:	1953–1955
Stückzahl:	–

Im Gegensatz zu europäischen Herstellern nahm Buick als Marke des GM-Konzerns zwar 1946 die Produktion wieder auf, doch erst 1949 konnte man ein Geschäftsjahr nach dem Krieg wieder mit einem Rekordergebnis abschließen: Insgesamt wurden 552 827 Fahrzeuge produziert, und der Blick in die Zukunft war optimistisch – außerdem rückte das 50ste Firmenjubiläum in greifbare Nähe. Für das Jubiläumsjahr 1953 gab es diverse Veränderungen bei den so genannten „Golden Anniversary Models". Ihr zwischenzeitlich veralteter, reichlich groß geratener Achtzylinder-Reihenmotor, der für die relativ hohe und gewölbte Motorhaube der Buicks verantwortlich war, wurde in den Super- und Roadmaster-Modellen durch ein moderneres V8-Aggregat ersetzt.

Cadillac

Für viele ist ein Cadillac der Inbegriff amerikanischer Straßenkreuzer schlechthin, doch die Firma, die nach dem Leitsatz „Standard of the World" Automobile baut, wurde bereits 1902 ins Leben gerufen und nach dem Gründer von Detroit, Antoine de la Mothe Cadillac – einem französischen Adligen – benannt. Wer noch tiefer in der Unternehmensgeschichte gräbt, muss erstaunt feststellen, dass die Anfänge gar bis 1899 zurückgehen – jenem Jahr, in dem Henry Ford unter dem Namen Detroit Automobile Company Detroits allererste Autofabrik gegründet hatte. Ford verließ bereits nach ein paar Monaten die Company und stellte seinen Posten Henry Leland zur Verfügung, der gemeinsam mit dem Millionär Murphy das Unternehmen zum Cadillac-Imperium umstrukturierte. Die Produktion von Motorwagen begann 1902 mit dem Typ A.

Modell:	Cadillac A
Hubraum / Zylinder:	1609 ccm/1 Zyl.
PS / kW:	10/7,3
Bauzeit:	1903
Stückzahl:	–

Cadillac Serie 90-V 16

Modell:	Cadillac Serie 90-V 16
Hubraum / Zylinder:	7063 ccm / 16 Zyl.
PS / kW:	185 / 135,5
Bauzeit:	1930 – 1938
Stückzahl:	3250

In einer Zeit, in der sich nur wenige ein extrem hochkarätiges Automobil leisten konnten, stellte Cadillac seinen von Haus aus schon großvolumigen Achtzylinder-Modellen eine noch stärkere Alternative mit 16 Zylindern an die Seite. Fahrzeugtypen dieser aufwändig gefertigten Klasse ließen sich zwar an zehn Fingern abzählen, doch die Hersteller versprachen sich von diesen Wagen sehr viel – vor allem jede Menge Imagegewinn. Cadillacs Sechzehnzylinder, der 1930 als Typ 90 sein Debüt feierte, blieb acht Jahre lang im Programm. In dieser Zeit konnte man sich über 3250 abgeschlossene Kaufverträge freuen, und auch das nächst „kleinere" Modell, der Zwölfzylinder, lief nicht schlecht – diese Sparausgabe rollte sogar 5725 Mal aus den Ausstellungsräumen der Händler.

Cadillac Eldorado Convertible

Modell:	Cadillac Eldorado Convertible
Hubraum / Zylinder:	5424 ccm / 8 Zyl.
PS / kW:	210 / 153,8
Bauzeit:	1953
Stückzahl:	532

Etwa 1140 Wagen stellte Cadillac im Jahre 1945 auf die Räder. Für amerikanische Verhältnisse war diese Zahl mehr als lächerlich, doch man darf nicht vergessen, dass es auch in den USA nach der Wiederaufnahme der Produktion in der unmittelbaren Nachkriegszeit zu Materialengpässen kam. Es brauchte eine Weile, bis der Handel in Schwung kam, und ein Jahr später sah die Statistik schon ganz anders aus. Fast 30 000 Cadillacs kamen auf den Markt – eine Zahl, die sich 1947 sogar verdoppeln sollte. Das war immer noch zu wenig, denn der Konzern hätte fast schon wieder 100 000 Automobile absetzen können. Neben ganz normalen Standardausführungen waren zu Beginn der 50er Jahre auch wieder Luxusversionen wie der Typ Eldorado gefragt.

CHEVROLET

Modell:	Chevrolet Corvette
Hubraum / Zylinder:	3859 ccm/6 Zyl.
PS / kW:	150/110
Bauzeit:	1953
Stückzahl:	Einzelstück

Louis Chevrolet, der als Auswanderer 1900 im amerikanischen Detroit zuerst sein Glück als Automobilverkäufer versuchte, gründete 1911 mit seinem Partner William Durant die Firma Chevrolet, die der General Motors-Konzern später zu seiner erfolgreichsten Marke ausbaute. Jahrzehnte lang wurden solide Gebrauchsfahrzeuge gebaut. Als man 1953 auf der Motorama-Ausstellung ein zweisitziges Showcar präsentierte, stieß ausgerechnet dieses Dreamcar auf ein derart großes Publikumsinteresse, dass sich Chevrolet genötigt sah, etwas intensiver über dieses Modell nachzudenken. Was dort in New York zu sehen war, war zwar lange noch kein endgültiges Fahrzeugkonzept, aber ein durchaus außergewöhnliches: Die Karosserie bestand aus Fiberglas! Die Zeit war wirklich reif, amerikanischen Sportwagenenthusiasten endlich etwas Eigenständiges zu bieten – etwas anderes, als importierte Roadster und Cabriolets aus England.

Chevrolet Corvette Sting Ray

Chevrolets begehrter Sportwagen, die Corvette, verabschiedete sich zu Beginn der 60er Jahre von ihrem gewohnten Erscheinungsbild. Das neue Outfit, das den Jahrgang 1963 prägte, entstand nämlich nicht mehr am Zeichenbrett des Designers Harley Earl. Inzwischen war Bill Mitchell für die Linienführung verantwortlich, und der drückte dem Wagen, der ab nun auch als Coupé gebaut wurde, seinen eigenen Stempel auf. Zum Beispiel die geteilte Heckscheibe. Dieses so genannte Split-Window, das es nur 1963 gab, unterstrich gekonnt die aggressive Form der nach wie vor aus Kunststoff gefertigten Karosserie.

Modell:	Chevrolet Corvette Sting Ray
Hubraum / Zylinder:	5359 ccm / 8 Zyl.
PS / kW:	250 / 183,1
Bauzeit:	1963 – 1967
Stückzahl:	45 546 (nur Coupés)

Chrysler

Modell:	Chrysler 70
Hubraum / Zylinder:	3301 ccm/6 Zyl.
PS / kW:	68/50
Bauzeit:	1924–1926
Stückzahl:	ca. 32 000

Als der Amerikaner Walter Chrysler 1920 seine Position als stellvertretender Direktor von General Motors zur Verfügung stellte, sanierte er zuerst die vor dem Konkurs stehende Automarke Willys-Overland, um sich dann 1922 in Detroit selbstständig zu machen – nur so hatte er genug Möglichkeiten, einen Wagen nach eigenen Vorstellungen zu realisieren. Das Ergebnis der Arbeit, der Chrysler Typ 70, wurde 1923 vorgestellt und über ein breites Händlernetz vertrieben. Der Aufwand hatte sich gelohnt: Der Wagen wurde akzeptiert und brachte Bestellungen in einer Höhe von 50 Millionen Dollar ein. Zwei Jahre später ergänzte Chrysler den Sechszylinder-Wagen durch ein Vierzylinder-Modell. Durch die Übernahme der Dodge-Werke Ende der 20er Jahre entwickelte sich Chrysler bald zu einem ernsthaften Konkurrenten von Ford und General Motors.

Chrysler Imperial Typ CL

Modell:	Chrysler Imperial Typ CL
Hubraum / Zylinder:	6306 ccm / 8 Zyl.
PS / kW:	135 / 99
Bauzeit:	1931 – 1933
Stückzahl:	–

Besser als mit dem Titel seiner 1937 erstmals gedruckten Autobiografie lässt sich Walter P. Chryslers Leben kaum beschreiben: „The Life of an American Workman" – „Das Leben eines amerikanischen Handwerkers". Walter P. Chrysler sah sich in erster Linie als technisch interessierten Menschen, den die Funktion der Mechanik faszinierte. Fleiß, Selbstdisziplin und eine profunde Ausbildung waren die Grundlage seiner Ausnahme-Karriere, die oft in das Klischee „Vom Tellerwäscher zum Millionär" eingeordnet wurde. Doch dieses Klischee traf bei Chrysler nicht zu: Er absolvierte nach Abschluss der High School eine vierjährige Lehrzeit, um danach bei verschiedenen Eisenbahngesellschaften zu arbeiten – schon 1908 arbeitete Walter P. Chrysler als Spitzenmanager in einer Position, die dem 33-Jährigen 350 Dollar im Monat einbrachte.

CITROËN

Modell:	Citroën B 2
Hubraum / Zylinder:	1452 ccm / 4 Zyl.
PS / kW:	20 / 14,7
Bauzeit:	1921 – 1926
Stückzahl:	ca. 90 000

André Citroën, der 1919 in Paris eine Automobilfabrik gründete, brachte mit dem Modell A seinen ersten erfolgreichen Wagen auf den Markt. Niemand konnte zu diesem Zeitpunkt ahnen, dass der Sohn eines polnischen Einwanderers hiermit den Grundstein zu einem Unternehmen legte, das später einmal zu den bedeutendsten Automobilkonzernen zählen sollte. 1921 erschien das etwas fortschrittlichere Modell B. In der Grundversion war der B 2 nur unwesentlich schneller als sein Vorgänger – wer einen Schnitt von 90 km/h erreichen wollte, konnte sich der 22 PS starken Ausführung namens Caddy-Sport bedienen. Zu den Besonderheiten des Wagens gehörte neben dem elektrischen Anlasser noch die elektrische Beleuchtung – ein Ausstattungsdetail, das viele Mitbewerber damals nur gegen Aufpreis lieferten.

Citroën 5 CV

Anfang der 20er Jahre realisierte Citroën mit dem Typ 5 CV die Idee eines volkstümlichen Automobils, das sich jedermann leisten sollte. Dieser auch „Trèfle" genannte Wagen entstand übrigens nicht unter der Regie des Konstrukteurs Jules Salomon, sondern unter der Leitung von Edmond Moyet. Im Nachhinein betrachtet, war der 5 CV das Automobil überhaupt, das der Marke zur großen Popularität verhalf. Das kostengünstige Fließbandprodukt avancierte sogar zum ersten europäischen Volksautomobil, das sich durch leichte Handhabung bei der Auto fahrenden Damenwelt großer Beliebtheit erfreute. Der Erfolg des 5 CV schien auch Opel zu beeinflussen, doch die Justiz konnte in Opels ähnlich aussehendem „Laubfrosch" keine Kopie erkennen, da für den 5 CV kein Patentschutz bestand!

Modell:	Citroën 5 CV
Hubraum / Zylinder:	855 ccm / 4 Zyl.
PS / kW:	11 / 8
Bauzeit:	1921 – 1926
Stückzahl:	ca. 80 000

Citroën 7 CV

Modell:	Citroën 7 CV
Hubraum / Zylinder:	1303 ccm / 4 Zyl.
PS / kW:	32 / 23,4
Bauzeit:	1934 – 1936
Stückzahl:	–

„Von jetzt ab ziehen die Pferde vorn", hieß es 1934 in der Citroën-Werbung. Man hatte nämlich unter immensen Kosten einen provokativen Wagen entwickelt, von dem man wusste, dass er im krassen Gegensatz zu dem stand, was Käufer damals erwarteten. Trotzdem – die Rechnung ging auf, und das bald unter dem Namen „Traction Avant" bekannt gewordene Auto mit Frontantrieb, selbsttragender Karosserie ohne Rahmenchassis und einer kompromisslosen Formgebung sollte für die kommenden 23 Jahre Citroëns Verkaufsrenner Nummer eins werden. Bereits in seiner ersten Version als Typ 7 verfügte es über viele technische Neuerungen (beispielsweise die geteilte Lenksäule), die in Bezug auf Sicherheit und Komfort weit über dem damaligen Standard lagen.

Citroën 11 CV

Modell:	Citroën 11 CV
Hubraum / Zylinder:	1911 ccm/4 Zyl.
PS / kW:	45 PS bis 63 PS/33 KW bis 46 KW
Bauzeit:	1934–1957
Stückzahl:	ca. 535 000

Da die Motorleistung des Modells 7 CV von nur 32 PS bald nicht mehr den Ansprüchen der Kundschaft entsprach, wurde Citroëns Fronttriebler mit einem größeren Aggregat bestückt und unter dem Kürzel 11 CV auf den Markt gebracht. Inzwischen konnte man auch unter drei Versionen wählen, die sich vom Radstand her unterschieden: Die kleinste Ausführung (2910 mm) wurde als „Légère" (leicht) gelistet, während das Standardmodell (3090 mm) die Bezeichnung „Normale" erhielt. Mit dem „Normale" besaß man bereits einen mehr als geräumigen Wagen, von dem es scherzhaft hieß, man könne im Fond tanzen. Wem das Platzangebot immer noch nicht reichte, fand im Typ „Familiale" die Krönung des Programms – auf 3270 mm Radstand basierend gab es nun für sieben Insassen Platz.

CITROËN 2 CV

Modell:	Citroën 2 CV
Hubraum / Zylinder:	375 ccm/2 Zyl.
PS / kW:	9/6,6
Bauzeit:	1949–1954
Stückzahl:	ca. 676 000

Im Oktober 1948 auf dem Pariser Salon erneut präsentiert, bahnte sich die „Ente" zielstrebig ihren Weg auf Frankreichs Straßen und wurde, trotz der bescheidenen Motorleistung, generell bestaunt. Sie besaß eigentlich alles – also nur das Notwendigste –, um sicher ans Ziel zu kommen. Dazu gehörte neben einem 375 ccm großen Zweizylindermotor jede Menge Haltbarkeit und Verlässlichkeit, weil man auf andere Dinge, die entbehrlich waren, von vornherein verzichtet hatte. Eigentlich war der frontangetriebene „deux chevaux" von den Motordaten her den Kleinwagen zuzuordnen – seine viertürige Karosserie mit Rolldach entsprach aber mehr dem Konzept der unteren Mittelklasse. 2 CV-Besitzer hatten schon damals die Möglichkeit, ihren anfangs nur in grauer Lackierung erhältlichen Wagen mit Zubehör optisch aufzuwerten.

Citroën DS 19

Modell:	Citroën DS 19
Hubraum / Zylinder:	1911 ccm/4 Zyl.
PS / kW:	75/55
Bauzeit:	1955–1968
Stückzahl:	1 415 700

Dicht gedrängt standen die Besucher 1955 auf dem Pariser Automobilsalon. Jeder musste sehen, was sich da auf dem Stand von Citroën drehte, um zu glauben, dass ein Automobil so aussehen kann. In der Geschichte des Automobils hat es wohl keinen anderen Wagen gegeben, in dem so viele technisch revolutionäre und richtungweisende Neuerungen zugleich angeboten wurden. DS – diese im Französischen „Déesse" ausgesprochenen Buchstaben heißen übersetzt „Göttin", und aus jenem Wortspiel wurde bald der Ehrenname des avantgardistischen Modells. Am Abend des ersten Messetages lagen übrigens schon 12 000 Bestellungen für die „Göttin" vor, und ein Fachjournalist kommentierte die Geschehnisse: „... ein Auto, das die Technik der Welt tief beeinflussen wird."

Cord

Modell:	Cord 812
Hubraum / Zylinder:	4730 ccm/8 Zyl.
PS / kW:	175/128
Bauzeit:	1937
Stückzahl:	2320 (alle Modelle)

Errett Lobban Cord zählte zu jenen Amerikanern, die schon in jungen Jahren eine Bilderbuchkarriere starteten. 1920 war er erst Besitzer einer Tankstelle in Los Angeles, vier Jahre später beteiligte er sich an der in Auburn angesiedelten Automobile Company, die er kurze Zeit später ganz übernahm. Auch die Marke Duesenberg integrierte er in sein Imperium, und 1929 gründete er noch die nach seinem Namen benannte Automarke Cord. Bei dem ersten Modell, das Cord präsentierte, handelte es sich um einen interessanten Wagen mit Frontantrieb (Typ L 29). 1936 sorgte das Nachfolgemodell, der Typ 810, für viel Aufmerksamkeit. Die 1937 gebaute Kompressorversion (Typ 812) verhalf dem eigenwillig gestylten Wagen zu überdurchschnittlichen Fahrleistungen, doch die sündhaft teueren Luxuswagen ließen sich nur schwer verkaufen. Cord stellte 1937 den Automobilbau wieder ein und verlegte sich auf andere Geschäftsbereiche.

Daimler

Modell:	Daimler Stahlradwagen
Hubraum / Zylinder:	565 ccm / 1 Zyl.
PS / kW:	1,5 / 1,1
Bauzeit:	1889
Stückzahl:	–

Gottlieb Daimlers letzte Station vor der Selbstständigkeit war 1872 die Gasmotorenfabrik im Kölner Vorort Deutz. 1882 verließ er die Firma und investierte Vermögen und Tatendrang in eine eigene Versuchswerkstatt im Garten seiner Cannstatter Villa. Gemeinsam mit Wilhelm Maybach hatte er nach langwierigen Tüfteleien das Viertaktprinzip des Otto-Motors verfeinert und optimiert, so dass endlich ein kompakter Motor für den Einbau in ein Fahrzeug zur Verfügung stand. Zunächst trieb er 1885 das erste Motorrad der Welt – den Daimler Reitwagen – an. Eine weiterentwickelte Ausführung installierten Maybach und Daimler 1886 im weltweit ersten vierräderigen Automobil – nahezu zeitgleich, aber ohne es zu wissen, mit dem Dreirad von Karl Benz.

Datsun

Modell:	Datsun DC 3
Hubraum / Zylinder:	750 ccm/4 Zyl.
PS / kW:	18/13,2
Bauzeit:	1952–1957
Stückzahl:	–

Der Markenname Nissan kam bereits 1937 durch die Fusion von Datsun mit dem Jidosha Seizo-Konzern zustande, kurz bevor die japanischen Handelskontrollgesetze der Automobilindustrie einen größeren Entfaltungsspielraum einräumten. Trotzdem wurden die Autos weiterhin als Nissan oder Datsun auf den Markt gebracht – erst 1984 verwendete man einheitlich die Markenbezeichnung Nissan. 1957, drei Jahre nach der ersten Tokioter Automobilausstellung, präsentierte sich Nissan dem internationalen Markt und stellte auf dem Automobilsalon in Los Angeles aus. Den Schwerpunkt der Modellpalette bildete dabei ein Kleinwagen, dem eine gewisse Ähnlichkeit mit dem Austin Seven nicht abzusprechen war.

Datsun 240 Z

1969, anlässlich des Tokioter Automobilsalons, präsentierte Nissan mit dem 240 Z einen modernen Wagen, den man allein schon wegen seines Designs der Sportwagenklasse zuordnete. Das Auto mit der interessanten Ausstattung war in dieser Kategorie gut aufgehoben – unter seiner langen Haube arbeitete nämlich ein Sechszylindermotor, der den 240 Z auf eine Höchstgeschwindigkeit von 190 km/h beschleunigte. Mit dem 240 Z unternahm der Nissan-Konzern übrigens erste Gehversuche auf dem europäischen Markt – leider hinkte der Absatz anfangs allen Erwartungen hinterher. Der 240 Z, dessen Linienführung von Albrecht Graf Goertz entworfen wurde, bereicherte bis zum Einstellen des Exports im Jahre 1984 den europäischen Sportwagenmarkt.

Modell:	Datsun 240 Z
Hubraum / Zylinder:	2393 ccm/6 Zyl.
PS / kW:	130/95,2
Bauzeit:	1969–1974
Stückzahl:	150 076

DB

Modell:	DB Le Mans
Hubraum / Zylinder:	848 ccm/2 Zyl.
PS / kW:	52/38,1
Bauzeit:	1960–1962
Stückzahl:	ca. 200

Die beiden französischen Automobilkonstrukteure Charles-Deutsch und René Bonnet, die unter dem Kürzel DB firmierten, brachten in den 50er und 60er Jahren verschiedene Sportwagenmodelle auf den Markt, die von der Technik her auf Automobilen der Marke Panhard basierten. Die wohl interessanteste und letzte Konstruktion, die die beiden Franzosen gemeinsam entwickelten, war das Modell Le Mans. Der Le Mans verfügte über eine Kunststoffkarosserie und wurde mit dem Motor des Panhard PL 17 bestückt. Um die ins Auge gefasste Höchstgeschwindigkeit von mindestens 150 km/h erreichen zu können, wurde die Leistungsabgabe des Panhard-Aggregats durch Tuning erst einmal angehoben. Von den damals etwa 200 gebauten Fahrzeugen ist heute noch etwa ein Dutzend existent.

DE DION BOUTON

Modell:	De Dion Bouton „Vis a Vis“
Hubraum / Zylinder:	942 ccm/1 Zyl.
PS / kW:	8/5,9
Bauzeit:	1901
Stückzahl:	–

1882 lernte Graf de Dion die Herren Bouton und Trepardoux – Hersteller von Dampfmaschinenmodellen – kennen. Der technikbegeisterte Graf fand in dem Duo interessante Gesprächspartner, die sich – genau wie er – seit längerem schon mit dem Gedanken befassten, ein per Dampfkraft angetriebenes Fortbewegungsmittel zu bauen. Gemeinsam konstruierten sie 1883 ein Dampfautomobil, doch als kurze Zeit später die ersten Motorwagen Furore machten, beschlossen Bouton und de Dion, sich für die Zukunft intensiver mit Explosionsmotoren zu befassen – Trepardoux, der weiterhin Dampfkraft favorisierte, kehrte dem Trio den Rücken. Der erste ab 1899 in Serie gebaute Motorwagen der Marke De Dion Bouton erhielt übrigens die Typenbezeichnung „Vis A Vis“ – bei diesem Modell saßen sich Fahrer und Beifahrer gegenüber.

DELAHAYE

Modell:	Delahaye 135 MS
Hubraum / Zylinder:	3557 ccm/6 Zyl.
PS / kW:	120/87,9
Bauzeit:	1946–1951
Stückzahl:	–

Der Franzose Emile Delahaye, der 1894 sein erstes Automobil nach dem Vorbild der Benz-Motorwagen konstruierte, brachte dieses Vehikel ein paar Jahre später beim Städterennen Paris–Marseille–Paris an den Start, doch der erhoffte Sieg blieb seinen Mitbewerbern vorbehalten. 1902 zog sich der Firmengründer aus dem aktiven Geschäftsleben zurück und besetzte die Position des Chefkonstrukteurs mit Charles Weiffenbach. Zwar rangierte der Name Delahaye nach Ende des Zweiten Weltkriegs noch eine Weile unter den Marken französischer Luxusautomobile, doch aufgrund unternehmerischer Umstrukturierungen gehörte die Firma zusammen mit Delage jetzt der G.F.A (Groupe Français de l'Automobile) an. Als die Produktion 1946 wieder aufgenommen wurde, setzte man zuerst die Tradition der Modelle 134 und 135 fort. Genau wie früher, entstanden auf dem Kastenrahmenchassis neben den Werksaufbauten weiterhin zahlreiche Sonderkarosserien, beispielsweise wie diese bei Saoutchik kreierte Cabriovariante.

Detroit Electric

Modell:	Detroit Electric 98 RD
Elektrische Anlage:	2 x 42 Volt
Bauzeit:	1909–1932
Stückzahl:	–
Besonderheit:	Elektroauto

Neben konventionellen Motorwagen bereicherten vor 100 Jahren in den USA auch zahlreiche Elektroautomobile das Straßenbild – Gefährte dieser Art genossen dort vor allem bei der selbstfahrenden Damenwelt ein hohes Ansehen. Etwa zwei Dutzend Hersteller stellten sich dem Wettbewerb, unter anderem die Firma Anderson Electric Car Company, die ihre Vormachtstellung noch halten konnte, als andere Betriebe den Elektrowagenbau längst zu den Akten gelegt hatten. Die meisten der urigen Gefährte wurden übrigens nicht per Lenkrad, sondern mittels eines Lenkhebels dirigiert. Um einigermaßen bequem vorwärts zu kommen, bestückte man die Wagen unter der vorderen und hinteren Haube mit reichlich Batterien – eine Ladung gab Kraft für etwa 200 Kilometer.

Dino

Modell:	Dino 246 GT
Hubraum / Zylinder:	2418 ccm/6 Zyl.
PS / kW:	190/139,2
Bauzeit:	1969–1974
Stückzahl:	3883

Schon 1965 zeigte Ferrari auf dem Pariser Salon eine Stilstudie in Form eines kleinen Mittelmotor-Sportwagens, der von einem V6-Motor mobilisiert wurde. In einer ständig weiterentwickelten Form ging der elegante Flitzer 1967 endlich in Serie. Er nannte sich zunächst Dino 206 GT und wurde unter diesem eigenständigen Markennamen auch auf den Markt gebracht. Nur 150 Exemplare wurden bis 1969 gebaut. Erst in der zweiten Auflage – als Dino 246 GT mit mehr Power unter der Haube – gelang dem Coupé der große Durchbruch. Die italienische Fachpresse, die den Wagen mit der bildhübschen Pininfarina-Karosserie ausgiebig testete, erkannte im 246 GT sofort einen Konkurrenten zum Porsche 911.

Modell:	DKW FA 600 (Typ F1)
Hubraum / Zylinder:	584 ccm/2 Zyl.
PS / kW:	15/11
Bauzeit:	1931 – 1932
Stückzahl:	ca. 4000

Jörgen Skafte Rasmussen, der 1928 die Automobilmarke DKW gründete, befasste sich intensiv mit der Idee, ein Automobil mittels Zweitaktmotor anzutreiben. 1928 realisierte er dieses Konzept, doch seine Wagen mit Heckantrieb standen zuerst im Kreuzfeuer der Kritik, bevor sie sich auf dem Markt behaupten konnten. Zwei Jahre später ließ Rasmussen einen frontangetriebenen Wagen entwickeln, der bei DKW erfolgreich vom Band lief und den Grundstein zu einer neuen Modellpalette bildete. Die kunstlederbespannte Holzkarosserie dieses Roadsters (FA 500/FA 600) ruhte auf einem Fahrgestell mit 2100 mm Radstand, eine Version mit 2400 mm blieb den Limousinen vorbehalten. Das Ziel, modernen frontangetriebenen Automobilen den Weg zur Großserie geebnet zu haben, hatte Rasmussen erreicht.

DKW F 5 Luxus-Cabriolet

Modell:	DKW F 5 Luxus-Cabriolet
Hubraum / Zylinder:	692 ccm / 2 Zyl.
PS / kW:	20 / 14,7
Bauzeit:	1936 – 1937
Stückzahl:	ca. 15 000

Der große Erfolg aller frontangetriebenen DKW-Wagen ist unter anderem darauf zurückzuführen, dass das Werk die gesamte Modellreihe – vom frühen F1 bis hin zum F 8 der späten 30er Jahre – in allen nur denkbaren Karosserieversionen auf den Markt brachte. Eine für die Käufer besonders reichhaltig und elegant ausgestattete Variante wurde erstmals 1936 beim Typ F 5 realisiert – den konnte man jetzt als zwei- oder viersitziges Luxus-Cabriolet haben! Die meisten Luxus-Cabrio-Aufbauten fertigte von 1936 bis 1940 der Stuttgarter Karosseriebetrieb Baur, aber auch die sächsische Karosserieschmiede Hornig nahm sich dieser Aufbauten an. Bei Hornig entstand außerdem in einer Kleinauflage von 150 Einheiten noch eine bestechend elegante Roadster-Karosserie.

DKW 3=6 Cabrio

Im Herbst 1955 lancierte DKW als Ergebnis ständiger Modellpflege den „Großen DKW 3=6". Die Bezeichnung war nicht willkürlich gewählt, der Wagen gewann zwischenzeitlich 100 mm an Breite, dementsprechend nahm auch die Spurweite zu, und auch in der Länge gab es einige Zentimeter mehr. Außerdem war die Frontscheibe des 3=6 oben nicht mehr leicht zugespitzt, sondern gleichmäßig gewölbt. Von der Technik her erhielt das Kastenprofil des Chassisrahmens eine Kreuztraverse, und der Federungskomfort wurde verbessert. Bei Karmann in Osnabrück entstanden auch 667 Cabriolet-Versionen, die zum Preis von etwa 8.000 Mark in den Handel kamen. Der 3=6 in einfachster Ausstattung kostete nur 5.400 Mark.

Modell:	DKW 3=6 Cabrio
Hubraum / Zylinder:	896 ccm / 3 Zyl.
PS / kW:	40 / 29,3
Bauzeit:	1955–1959
Stückzahl:	667

DKW F 12 Roadster

Modell:	DKW F 12 Roadster
Hubraum / Zylinder:	889 ccm/3 Zyl.
PS / kW:	45/33
Bauzeit:	1964–1965
Stückzahl:	6640

Der offene DKW F 12, den das Werk als Roadster bezeichnete, wurde beim Karosseriespezialisten Baur in Stuttgart gefertigt und konnte ab 1964 zum Einstiegspreis von 7.200 Mark geordert werden. Ein teures Vergnügen, wenn man bedenkt, dass dieses Modell nach wie vor von einem Zweitaktmotor angetrieben wurde. Immerhin spürten die Händler eine langsam wachsende Abneigung gegen dieses Konzept, und F 12-Besitzer konnten kaum auf einen guten Wiederverkaufswert ihrer Wagen hoffen. DKW stellte die Produktion aller F 12-Modelle 1965 ein. Zwar brachte man zwischenzeitlich noch den Typ F 102 in veränderter Optik und mit selbsttragender Karosserie auf den Markt, doch vom Prinzip des Zweitaktmotors wollten sich die Konstrukteure immer noch nicht trennen.

Dodge

Modell:	Dodge Polara Hardtop-Coupé
Hubraum / Zylinder:	5210 ccm/ 8 Zyl.
PS / kW:	233/ 170,7
Bauzeit:	1964
Stückzahl:	–

Im Juli 1928 übernahm der amerikanische Chrysler-Konzern den Autohersteller Dodge Brothers in Detroit und verleibte sich damit ein Unternehmen ein, das fünfmal so groß wie die Chrysler Corporation war. „Die Fliege schluckt einen Elefanten", lästerten daraufhin amerikanische Fachblätter, und ein Börsenblatt meckerte, dass Chrysler „mehr abgebissen hat, als er schlucken kann". Ein besonderes Kennzeichen des zweitürigen Dodge Polara des Jahrgangs 1964 war seine V-förmig gestylte C-Säule, die dem Wagen nicht nur Sicherheit und Stabilität, sondern auch ein filigranes Erscheinungsbild gab. Mit dem Debüt dieses Modells konnte die Marke gleichzeitig ihr 50stes Firmenjubiläum feiern. Vielleicht wollte es der Zufall, dass 1964 auch das bisher erfolgreichste Geschäftsjahr war.

DUESENBERG

Modell:	Duesenberg J
Hubraum / Zylinder:	6882 ccm / 8 Zyl.
PS / kW:	210 / 154
Bauzeit:	1928 – 1937
Stückzahl:	ca. 480

1919 begannen die Gebrüder Fred und August Duesenberg – Nachkommen deutscher Emigranten – im amerikanischen Bundesstaat Indiana erstmals Automobile zu bauen. Niemand konnte zu diesem Zeitpunkt ahnen, dass ihre Fahrzeuge später einmal als die Klassiker schlechthin in die Automobilgeschichte eingehen sollten. Wenn man dabei berücksichtigt, dass die Duesenbergs bis 1937 nur etwa 1300 Wagen fertigten, ist das Interesse an dieser Marke im Vergleich zu anderen Herstellern von Luxuswagen enorm. Hinzu kommt die Tatsache, dass unter der Haube eines Duesenberg stets „nur" ein Achtzylinder arbeitete und die Obergrenze des Hubraums der Motoren bei knapp sieben Litern lag – trotzdem gelang es der Marke, alle noblen Mitbewerber in den Schatten zu stellen.

Essex

Modell:	Essex Super Six
Hubraum / Zylinder:	2584 ccm/6 Zyl.
PS / kW:	45/33
Bauzeit:	1929–1934
Stückzahl:	–

Schon 1918 führte die amerikanische Hudson Motor Car Company (das Unternehmen existierte von 1909 bis 1957) einen Wagen im Programm, der unter dem selbstständigen Markennamen Essex gehandelt wurde. Ein Essex war genau genommen nichts anderes als ein von der Ausstattung her zurückgesetzter Hudson, doch man hütete sich, an der Qualität Abstriche zu machen – es wurde lediglich der Preis reduziert. Auch eine Sechszylinder-Version, der Typ Super Six, profitierte von dieser Geschäftspolitik. Er entwickelte sich schnell zum Bestseller, obwohl Spötter den Super Six als den Hudson des kleinen Mannes bezeichneten. Das schien Essex-Besitzer kaum zu stören – sie gehörten nämlich zur mehr konservativ eingestellten Kundschaft, bei der nicht der Luxus eines Hudson, sondern die Wirtschaftlichkeit des Automobils im Vordergrund stand.

Felber

Modell:	Felber FF
Hubraum / Zylinder:	3967 ccm / 12 Zyl.
PS / kW:	300 / 220
Bauzeit:	1974 – 1979
Stückzahl:	–

Auch die Schweiz war in den 60er und 70er Jahren stets mit einigen interessanten Automobilen auf den internationalen Salons vertreten. Willy Felber, Inhaber der Firma Haute Performance Morges, überraschte mit schöner Regelmäßigkeit die Fachpresse; denn die Automobile, die er auf die Räder stellte, trafen gewiss nicht den Geschmack der breiten Masse. Der sündhaft teure FF wurde beispielsweise auf einem Chassis des Ferrari 330 GTC aufgebaut. Obwohl die Karosserie in gewisser Weise dem frühen Ferrari 125 S ähnelte, hörte es Felber gar nicht gern, wenn man seinen FF als Replikat bezeichnete. Angeblich sollen von dem FF maximal zwei Dutzend Exemplare gebaut worden sein. Sicher ist aber, dass dieses Auto mit Ferrari-Technik auch heute noch jede Menge Fahrspaß verspricht.

Ferrari

Der erste Ferrari, der als reiner Straßensportwagen konzipiert wurde, debütierte 1948. Bei der Konstruktion dieses Modells (Typ 166) berücksichtigte Enzo Ferrari viele im harten Wettbewerbssport gewonnene Erkenntnisse. Was den Ferrari so begehrenswert machte, war natürlich sein Motor – ein reinrassiger Zwölfzylinder! Konstruiert wurde die brutale Maschine allerdings von Gioacchino Colombo, einem erfahrenen Mann, dessen Karriere in den 30er Jahren bei Alfa Romeo begonnen hatte. Das Hubvolumen der drehfreudigen Maschine mit zwei oben liegenden Nockenwellen ließ sich übrigens anhand der Modellbezeichnung schnell berechnen, denn die gab stets den Hubraum eines einzelnen Zylinders an. So hatte der Ferrari Typ 166 ein Aggregat der 2-Liter-Klasse (12 x 166 ccm), der Ferrari 342 eine 4,1-Liter-Maschine (12 x 375 ccm).

Modell:	Ferrari 342 America
Hubraum / Zylinder:	4102 ccm / 12 Zyl.
PS / kW:	200 / 146,5
Bauzeit:	1952 – 1953
Stückzahl:	6

Ferrari 375 America

Modell:	Ferrari 375 America
Hubraum / Zylinder:	4523 ccm/12 Zyl.
PS / kW:	300/220
Bauzeit:	1953–1955
Stückzahl:	12

Weil Enzo Ferrari mit vielen Karosseriebauexperten zusammenarbeitete und dabei noch Sonderwünsche seiner Kunden berücksichtigte, glich für lange Zeit kaum ein Wagen dem anderen. Jedes Fahrzeug war ein individuelles Einzelstück – während manche Wagen auf einem Fahrwerk mit kurzem Radstand basierten, erhielten andere einen längeren Unterbau. Von dem zwölfmal gebauten Typ 375 America entstanden acht Karosserien bei Pininfarina, Vignale realisierte drei Aufbauten, und ein Wagen wurde im Hause Ghia eingekleidet. Zu den bekanntesten Prominenten, die in den 50er Jahren einen Ferrari bewegten, zählten unter anderem König Leopold von Belgien, Ingrid Bergmann und Juan Domingo Perón, der Staatschef von Argentinien.

Ferrari 250 GT Spyder California

Modell:	Ferrari 250 GT Spyder California
Hubraum / Zylinder:	2953 ccm / 12 Zyl.
PS / kW:	280 / 205,1
Bauzeit:	1957 – 1963
Stückzahl:	104

Auf Anraten des amerikanischen Ferrari-Importeurs Luigi Chinetti – eines alten Freundes Enzo Ferraris – realisierte man mit dem Modell Spyder California einen Traumwagen, der sich nicht nur auf dem US-Markt zum Objekt der Begierde entwickelte. Wieder einmal war es das Fachmagazin „Sports Car Illustrated", das dieses Automobil zu Recht in den höchsten Tönen lobte: „Der California hat den schönsten (Karosserie-) Körper diesseits der Riviera. Wir wissen nicht, wie oder warum, aber die Italiener scheinen einen Exklusivvertrag für automobile Schönheit zu besitzen. Kurz und gut, wir halten die Karosserie, den Motor und das Getriebe für großartig, das Fahrverhalten für ganz gut. Aber die Lenkung, die Bremsen und die Sitze entsprechen noch nicht dem Standard."

Ferrari 250 GTO

Modell:	Ferrari 250 GTO
Hubraum / Zylinder:	2953 ccm/12 Zyl.
PS / kW:	300/219,8
Bauzeit:	1962–1964
Stückzahl:	36

Mit dem 250 GTO brachte Ferrari einen Wagen auf den Markt, den man zwar auf öffentlichen Straßen bewegen durfte, doch das wahre Zuhause dieses Modells war eher die Rennpiste. Der 250 GTO war einerseits das Ergebnis der konsequenten Weiterentwicklung der Berlinetta 250 GT, andererseits schielte man bei der Konstruktion auf den Testa Rossa Rennsportwagen. Ähnlich dem Testa Rossa, saß der Motor beim 250 GTO tief im Rohrrahmen. Das wurde möglich, weil dieses Aggregat dank einer Trockensumpfschmierung auf eine Ölwanne verzichten konnte. Von dieser Platzierung profitierte in erster Linie der Karosserieaufbau, denn Stardesigner Pininfarina machte sich diesen Kunstgriff zunutze, indem er den Karosseriekörper relativ flach und stromliniengünstig gestaltete.

Ferrari 275 GTB N.A.R.T. Spider

Modell:	Ferrari 275 GTB N.A.R.T. Spider
Hubraum / Zylinder:	3286 ccm / 12 Zyl.
PS / kW:	300 / 219,8
Bauzeit:	1966 – 1968
Stückzahl:	10

Der neue Ferrari 275 GTB erlebte bereits nach kurzer Zeit seine erste größere Modifikation, denn bei Geschwindigkeiten jenseits von 200 km/h wurde der Bug des Wagens zu leicht. Er lag unruhig auf der Straße und verlangte vom Fahrer höchste Konzentration und permanente Lenkkorrekturen. Ein optischer Kunstgriff in Form einer verlängerten Frontpartie beseitigte das Problem letztendlich. Die verlängerte Front verbesserte aber nicht nur den Geradeauslauf, sie sorgte auch für ein noch interessanteres Erscheinungsbild dieses Vollblutsportwagens. Ferrari baute den 275 GTB zwar noch in einer Spider-Version, doch die war stilistisch vollkommen anders geartet. Eine weitaus interessantere Spider-Ausführung, die auch vom Werk abgesegnet wurde, entstand in den USA bei dem dortigen Ferrari-Importeur Luigi Chinetti. Er nannte seine Kreation 275 GTB N.A.R.T. Spider.

Ferrari 365 GTB/4

Modell:	Ferrari 365 GTB/4
Hubraum / Zylinder:	4390 ccm / 12 Zyl.
PS / kW:	352 / 257,8
Bauzeit:	1968 – 1973
Stückzahl:	1245

1967 überquerten drei Ferrari P-4 Rennwagen gemeinsam die Ziellinie beim Daytona-Beach-Rennen in Florida. Als im Herbst des nächsten Jahres ein neuer Straßensportwagen präsentiert wurde, war der Sieg einigen Journalisten wohl noch im Gedächtnis – sie nannten den Neuling einfach nur „Daytona". Hausintern hörte der grandiose Zwölfzylinder allerdings auf das Kürzel 365 GTB/4. Die Ziffernfolge 365 definierte, wie bei Ferrari üblich, den Hubraum eines einzelnen Zylinders – das machte für den 365 GTB/4 in der Summe 4,4 Liter Hubvolumen. GTB stand für Gran Turismo Berlinetta und die Ziffer 4 verwies auf die vier oben liegenden Nockenwellen des Aggregats. Der bullige Zwölfzylinder, der den 365 GTB/4 auf die atemberaubende Höchstgeschwindigkeit von 275 km/h brachte, wurde übrigens von sechs Doppelvergasern beatmet.

Modell:	Fiat 16/20 HP
Hubraum / Zylinder:	4368 ccm/4 Zyl.
PS / kW:	20/14,6
Bauzeit:	1903–1906
Stückzahl:	–

Die Fabbrica Italiana di Automobili Torino (F.I.A.T.) wurde am 11. Juli 1899 in Turin gegründet; zu einer Zeit also, in der die piemontesische Stadt generell ein lebhaftes industrielles Wachstum verzeichnen konnte. Als die ersten Werksanlagen 1900 im Corso Dante eingeweiht wurden, fertigten 35 Arbeiter im ersten Jahr gerade 24 Fahrzeuge – eine Stückzahl, die aufgrund der Handarbeit dem üblichen Durchschnitt entsprach. Neben den Präsidenten der Gesellschaft fungierte Giovanni Agnelli als Sekretär des Verwaltungsrates. Durch seine Entschlossenheit und strategische Denkweise hatte er sich 1902 bereits zum Geschäftsführer hochgearbeitet. Gleich nach Erscheinen des ersten Fiat (Typ 4 HP) regte Agnelli zu Werbezwecken eine Automobiltour durch Italien und eine Präsentation auf der Mailänder Ausstellung an, um die Motorwagen mit dem ovalen Firmenemblem auf blauem Hintergrund bekannt zu machen.

Fiat 509

Modell:	Fiat 509
Hubraum / Zylinder:	990 ccm / 4 Zyl.
PS / kW:	22 / 16,1
Bauzeit:	1925 – 1929
Stückzahl:	–

Das Modell 509, das Fiat 1925 lancierte, zählte zu den Automobilen, die unter besonders wirtschaftlichen Aspekten gefertigt wurden. Seit Jahren setzte man schon auf eine Vereinfachung und Rationalisierung der Produktion und machte zunehmend Gebrauch von modernen Schweißtechniken. Im Bereich der Mittelklasse angeordnet, gab es den 509 in den Versionen Cabriolet, Innenlenker, Spider und Torpedo. Wer wollte, konnte diesen Wagen auf Ratenkaufbasis erwerben – eine Idee, die den Absatz des Modells weiter steigerte. Während viele Automobile in den 20er Jahren noch außen positionierte Brems- und Schalthebel besaßen, war Fiat der Zeit voraus und platzierte sie im Wageninneren.

Fiat 508 S Balilla Sport

Im Januar 1933 debütierte der 508 S Balilla Sport. Dieser zweisitzige Spider wartete nicht nur mit einer äußerst ansprechenden Form aus der Hand von Karossier Ghia auf, sondern sein Vierzylinder-Reihentriebwerk leistete auch wesentlich mehr PS. Das garantierte sportliches Fahrvergnügen und reichte bei 600 kg Leergewicht für eine Höchstgeschwindigkeit von 110 km/h. Eine umlegbare Windschutzscheibe sorgte an heißen Sommertagen für eine erfrischende Brise. Für das Modelljahr 1934/35 wurde das Triebwerk von stehenden auf hängende Ventile umgerüstet

Modell:	Fiat 508 S Balilla Sport
Hubraum / Zylinder:	995 ccm/4 Zyl.
PS / kW:	36/26,3
Bauzeit:	1933–1936
Stückzahl:	113 145 (gesamte Baureihe)

und profitierte von sechs zusätzlichen PS, die bei 4400 U/min erreicht wurde – genug für eine Spitze von 115 km/h. 1934 wurde auch die zweite Serie des Fiat Balilla mit größerem Radsstand (2300 mm) aufgelegt, außerdem erhielt der Wagen ein Viergang-getriebe mit synchronisiertem dritten und vierten Gang.

Fiat 500 A

Modell:	Fiat 500 A
Hubraum / Zylinder:	569 ccm/4 Zyl.
PS / kW:	13/9,5
Bauzeit:	1936–1948
Stückzahl:	ca. 122 000

Die Geschichte der Fiat-Kleinwagen begann 1933, als der Ingenieur Dante Giacosa den Auftrag zur Konstruktion eines Autos annahm, dessen Preis von 5.000 Lire die eigentliche Sensation sein sollte. Nach nur einjähriger Entwicklungszeit wurde der Prototyp namens Zero A getestet und konnte in Serie gehen. Zwischenzeitlich entstand bei Fiat ein fünfgeschossiges Fabrikgebäude (mit Teststrecke auf dem Dach!), in dem 1936 die Serienproduktion des ersten Fiat 500 anlaufen sollte. Der kleine Wagen basierte auf einem Chassis mit X-Traverse und erhielt einzeln aufgehängte Vorderräder. Der Hubraumgröße entsprechend taufte Fiat das neue Modell Typ 500, doch der Volksmund nannte den auf Anhieb begeisternden Wagen bald „Topolino“ – das Mäuschen.

Fiat 600

Modell:	Fiat 600
Hubraum / Zylinder:	633 ccm/4 Zyl.
PS / kW:	22/16,1
Bauzeit:	1955–1973
Stückzahl:	2500000

Schon vor der Produktionseinstellung des legendären Topolino Typ 500 C feierte auf dem Genfer Salon 1955 der Fiat 600 als offizieller Nachfolger sein Debüt. Vollkommen neu mit selbsttragender Karosserie konzipiert, etablierte sich der 100 km/h flotte Wagen genau so schnell wie sein Vorgänger. Bis 1960 wurden bereits 950000 Einheiten produziert, und nachdem die Fließbänder im Fiat-Hauptwerk Mirafiori für die Fertigung des 600 eingerichtet waren, konnte die laut Pressemitteilung sensationellste Kleinwagenneuheit der Nachkriegszeit endlich den Konkurrenzkampf mit anderen kompakten Automobilen aufnehmen. Auf einer Gesamtlänge von 3210 mm bot der Wagen sogar vier Personen Platz. Ein kurzhubiger Motor (633 ccm; 22 PS) sorgte von Anfang an für akzeptable Fahrleistungen – ein Leistungsplus gab es erst in der zweiten Serie ab 1960 (Fiat 600 D).

Fiat X 1/9

Modell:	Fiat X 1/9
Hubraum / Zylinder:	1290 ccm/4 Zyl.
PS / kW:	75/55
Bauzeit:	1972–1982
Stückzahl:	ca. 180 000

Nur selten haben Automobilhersteller den Mut, einen Wagen in Serie zu bauen, der vom Konzept her ursprünglich nur als Designstudie gedacht war. Dem kleinen Mittelmotor-Sportwagen Fiat X 1/9 erging es nicht anders. Er war zuerst nicht mehr als ein interessantes Concept-Car des Karosseriebauers Bertone, das ab 1972 bei Fiat glücklicherweise realisiert werden konnte. Die motortechnische Ausgangsbasis bildete ein Vierzylinder-Reihenmotor, der den X 1/9 etwa 175 km/h flott machte. Dank dieses Aggregats profitierte der Wagen von einer relativ günstigen Versicherungsklasse, und genau das machte ihn für jüngere Fahrer interessant und begehrenswert. Während Fiat die Produktion 1982 einstellte, führte Bertone die Fertigung im Alleingang noch bis 1989 fort.

Modell:	Ford T
Hubraum / Zylinder:	2898 ccm / 4 Zyl.
PS / kW:	24 / 17,6
Bauzeit:	1908 – 1927
Stückzahl:	15 007 033

Gegründet hatte Henry Ford sein Automobilbauunternehmen im amerikanischen Detroit bereits 1903, doch es dauerte noch vier Jahre, bevor er mit seinem „Model T" die wohl berühmteste Automobilkonstruktion aller Zeiten auf die Räder stellte. Bei der Entwicklung dieses Wagens hielt man an der Devise fest, mit dem gerade notwendigsten Aufwand dem Käufer ein Maximum an Qualität zu bieten. Herzstück der einfachen aber genialen „Tin Lizzie" (Blechliesel) war ein seitengesteuerter Motor mit Wasserkühlung, dessen Magnetzündung schon bei niedrigen Drehzahlen Strom lieferte. Zur absoluten Besonderheit dieses Autos zählte ein im Schwungrad gelagertes zweistufiges Planetengetriebe, das mittels Fußpedalerie geschaltet wurde und dessen zweite Gangstufe bereits von 12 km/h bis zur Höchstgeschwindigkeit reichte!

Ford A

Modell:	Ford A
Hubraum / Zylinder:	3285 ccm/4 Zyl.
PS / kW:	40/30
Bauzeit:	1927–1932
Stückzahl:	4320446

Nachdem Henry Fords legendäre Tin Lizzie Ende der 20er Jahre zu den etwas veralteten Automobilen zählte, schloss Ford sein Werk in Detroit für einige Monate, um die Konstruktion des Nachfolgemodells schnellstmöglich abschließen zu können. Erst im Dezember 1927 begann dann die Einführung des neuen Ford A, der gegenüber dem T-Modell in einer Rekordzeit von nur acht Monaten entwickelt wurde. Zu den Vorteilen des neuen Wagens gehörten unter anderem ein Dreiganggetriebe, hydraulische Stoßdämpfer und eine Vierradbremse. Drahtspeichenräder und Scheibenwischer waren ebenso obligatorisch wie eine Benzinuhr nebst Öldruckmesser. Ein weiterer Fortschritt stellte auch die Verlängerung der Wartungsintervalle auf 5000 Meilen dar – ein für damalige Verhältnisse überdurchschnittlich guter Wert.

Ford V8 Business Coupé

1942 konnten Europas Automobilhersteller von Personenwagen nur träumen. Zwar wurden zu jener Zeit in den USA noch Autos gefertigt, aber auch dort blieb der Jahrgang 1942 ein recht kurzes Produktionsjahr. Wie üblich, überarbeitete man auch für diesen Jahrgang die Frontpartie aller Modelle und hob wie gewohnt den Preis an. Diesmal traf es die Kundschaft aber besonders hart, denn wegen des Krieges waren viele Werkstoffe rar geworden. Ford suchte nach Alternativen und fertigte erstmals Teile wie das Armaturenbrett oder innere Türgriffe aus Kunststoff. Auch Nickel musste eingespart werden, weshalb Komponenten wie Wellen und Zahnräder aus einer Legierung von Stahl und Molybdän gegossen wurden.

Modell:	Ford V8 Business Coupé
Hubraum / Zylinder:	3917 ccm/8 Zyl.
PS / kW:	100/73,2
Bauzeit:	1941–1942
Stückzahl:	–

Ford Thunderbird

Modell:	Ford Thunderbird
Hubraum / Zylinder:	4780 ccm/8 Zyl.
PS / kW:	193/141,3
Bauzeit:	1955–1957
Stückzahl:	53 166

Schon zu Beginn der frühen 50er Jahre machten sich Fords Mitarbeiter William Burnett und David Ash Gedanken darüber, wie ein zweisitziger Ford-Sportwagen aussehen könnte. Fords Vizepräsident war zwar davon einigermaßen angetan, doch die 1951 entstandene Idee wurde erst einmal zu den Akten gelegt. Ein Fehler, wie sich bald herausstellen sollte: Längst arbeitete der General Motors-Konzern an einem ähnlichen Konzept, und der erste amerikanische Sportwagen, der 1953 debütierte, trug nicht den Markennamen Ford. Er kam aus dem Hause Chevrolet und hieß Corvette. Jetzt musste man notgedrungen nachziehen und setzte alle Hebel in Bewegung, um 1954 mit einem Konkurrenzmodell zurückschlagen zu können.

Ford Mustang

Modell:	Ford Mustang
Hubraum / Zylinder:	3273 ccm / 6 Zyl.
PS / kW:	122 / 89,3
Bauzeit:	1964 – 1967
Stückzahl:	–

Der Automobilmarkt in den USA hatte in den 50er Jahren einige Überraschungen zu bieten, mit denen kaum jemand gerechnet hatte: Erst erschien mit der Corvette ein handlicher Sportwagen, der sich vom Start weg gut verkaufte. Dann antwortete Ford mit dem Thunderbird und wunderte sich, dass der Markt noch immer für die etwas kleineren Sportwagen offen war. Das Gros der etwas kleineren Wagen kam aber aus Großbritannien oder Italien, und Ford überlegte, wie man diesem Import einen Riegel vorschieben konnte. Die einzige Möglichkeit war, mit einem weiteren kleinen Modell zu antworten. Lee Iacocca, seinerzeit Chef im Hause Ford, hatte eine Idee, und genau die sollte ab 1964 in Form des Ford Mustang auf dem Sportwagenmarkt für Aufmerksamkeit sorgen.

Ford Eifel 5/34 PS

Modell:	Ford Eifel 5/34 PS
Hubraum / Zylinder:	1172 ccm / 4 Zyl.
PS / kW:	34 / 25
Bauzeit:	1935 – 1939
Stückzahl:	ca. 61 500

Automobile der unteren Hubraumklassen waren dem amerikanischen Mutterkonzern der Marke Ford lange Zeit fremd. So stellte man 1932 zuerst in der britischen Dependance des Weltunternehmens ein kleineres Fahrzeug – das Modell „Y"– auf die Räder. Ein Jahr später wurde die Konstruktion auch von den Kölner Ford-Werken übernommen und mit der Bezeichnung „Ford Köln" auf den Markt gebracht. Leider wurde der Wagen mit Zurückhaltung aufgenommen. Erst das Nachfolgemodell, der etwas größere Ford Eifel mit 1,2-Litern Hubraum, konnte sich größerer Akzeptanz erfreuen, obwohl er ebenfalls ein Ableger der englischen Ford-Werke war. Ab August 1933 trug dieses Modell – wie alle anderen in Deutschland gefertigten Ford-Wagen auch – ein ganz spezielles Markenemblem mit der Aufschrift „Ford – Deutsches Erzeugnis".

Ford Taunus 12 M

Modell:	Ford Taunus 12 M
Hubraum / Zylinder:	1172 ccm / 4 Zyl.
PS / kW:	38 / 27,8
Bauzeit:	1952–1958
Stückzahl:	ca. 430 000

1952 brachten die deutschen Ford-Werke mit der Präsentation des neuen Taunus 12 M frischen Wind in ihre veraltete Modellpalette. Die Ziffer 12 in der Typenbezeichnung wies hierbei auf die Größe des Hubraums hin, der bei 1,2 Litern lag. Der Buchstabe M bedeutete soviel wie Meisterstück. In einem detaillierten Verkaufsprospekt ließen sich alle Vorzüge dieses Meisterstücks nachlesen – Ford hielt es anscheinend für wichtig, in dem Druckwerk auf nicht weniger als 79 Vorzüge einzugehen! Dazu gab es wunderbare technische Illustrationen, denn man wollte den Kaufinteressenten unmissverständlich mitteilen, dass dieser Taunus mit seinem Vorgänger überhaupt keine Gemeinsamkeiten mehr hatte.

Ford Capri 2000 GT

Modell:	Ford Capri 2000 GT
Hubraum / Zylinder:	1988 ccm/6 Zyl.
PS / kW:	90/65,9
Bauzeit:	1969–1972
Stückzahl:	ca. 784 000

Eigentlich sollten Pressefotos über den neuen Ford Capri erst ab Februar 1969 gezeigt werden, doch die Sensationslust um diesen Wagen hatte den Schleier schon zwei Monate früher gelüftet. Ohne Zweifel war es Ford gelungen, mit diesem Wagen neue Käuferschichten zu gewinnen. Vor allem bei jüngeren Fahrern, die etwas Sportliches zu einem attraktiven Preis suchten, stand das Gemeinschaftswerk der europäischen Ford-Ableger besonders hoch im Kurs. Die für die EWG-Länder bestimmten Wagen liefen übrigens bei Ford Deutschland vom Band. Mit einer mehr als gut sortierten Modellpalette (es gab sechs Ausstattungsvarianten!) arbeitete sich das flotte Coupé zielstrebig nach oben, bis der Capri I – er war der Schönste von allen – 1974 der zweiten Generation Platz machen musste.

Ford Anglia 105 E

Modell:	Ford Anglia 105 E
Hubraum / Zylinder:	997 ccm / 4 Zyl.
PS / kW:	40 / 29,3
Bauzeit:	1959 – 1967
Stückzahl:	–

1959 überraschte Ford England mit dem vollkommen neu entwickelten Typ Anglia 105 E. Als eine Art Volksautomobil gedacht, bestückte man ihn mit einem sparsamen Vierzylindermotor. Bei dieser kurzhubigen Maschine handelte es sich um ein modernes Aggregat mit hängenden Ventilen. Die rückwärts geneigte Heckscheibe sowie die bogenförmige Frontpartie sind das Ergebnis langwieriger Tüfteleien im Windkanal – laut Pressemitteilung sprach man diesem Design einen benzinsparenden Einfluss zu. 1961 stellte Ford der Limousine einen Kombi gegenüber und bot den Anglia alternativ mit einer Maschine der 1,2-Liter-Klasse an. Machte sich der Anglia jenseits der britischen Insel damals ziemlich rar, so brachte es sein Nachfolger, der Ford Escort, zu mehr Popularität.

FRAZER

Modell:	Frazer Nash TT
Hubraum / Zylinder:	1496 ccm/4 Zyl.
PS / kW:	62/45,4
Bauzeit:	1937
Stückzahl:	–

Der Engländer Archie Frazer-Nash begann 1924 in Isleworth mit dem Bau sportlicher Zweisitzer, die als Besonderheit einen so genannten Chain Drive, ein Kettengetriebe, besaßen. Für die angemessene Motorisierung kamen diverse Aggregate unterschiedlichster Hersteller zum Einsatz, wobei Frazer-Nash großen Wert darauf legte, dass sich die Motoren im Hinblick auf den Wettbewerbssport gut tunen ließen. Ab Mitte der 30er Jahre favorisierte Frazer-Nash mehr und mehr die Verwendung von BMW-Aggregaten, bis er sich nach dem Zweiten Weltkrieg darauf spezialisierte, importierte BMW-Wagen in England zu tunen und als Frazer-Nash-BMW auf den Markt zu bringen. 1959 stellt man den Automobilbau gänzlich ein, um fortan die Marke Porsche in England zu vertreiben.

FULDAMOBIL

Die Namenswahl dieses Winzlings verriet sofort den Ort, wo er gebaut wurde: In Fulda – bei der Elektromaschinenbau Fulda GmbH. Dieses Unternehmen befasste sich von 1950 bis 1958 auch mit dem Bau von Kleinwagen und brachte neben dem Typ S auch die hier gezeigte Version N 2 auf den Markt. Fuldamobil-Konstrukteur Norbert Stevenson legte alle Wagen als Dreiradfahrzeuge aus und trieb das Hinterrad mit Motoren diverser Hersteller an. Als in Fulda 1958 die Produktion eingestellt wurde, interessierte sich der englische Geschäftsmann York Nobel für den Dreiradwagen. Er ließ das Gefährt in England noch bis 1961 beim Flugzeugbauer Bristol fertigen und brachte es sogar als Bausatz auf den Markt!

Modell:	Fuldamobil N 2
Hubraum / Zylinder:	191 ccm/1 Zyl.
PS / kW:	10/7,3
Bauzeit:	1955–1961
Stückzahl:	ca. 3000 (alle Modelle)

GLAS

Modell:	Glas Goggomobil T 250
Hubraum / Zylinder:	247 ccm / 2 Zyl.
PS / kW:	13,6 / 10
Bauzeit:	1955 – 1969
Stückzahl:	210 531

Hans Glas, Inhaber der in Dingolfing residierenden Isaria Landmaschinenfabrik GmbH, ergänzte 1951 sein Produktionsprogramm durch einen Motorroller, bevor er vier Jahre später den wohl bedeutendsten deutschen Kleinwagen der 50er Jahre auf die Räder stellte. Ursprünglich sollte das erfolgreiche Goggomobil als Fronttür-Fahrzeug (ähnlich der BMW-Isetta) mit Rolldach bescheidenen Ansprüchen gerecht werden, doch sein Konstrukteur, Hans Glas, erkannte, dass man automobilhungrigen Käufern mehr als eine Notlösung auf Rädern bieten musste. Durch den Erfolg des Goggomobils ermutigt, erweiterte Glas seine Modellpalette in den nächsten Jahren. Als Glas 1966/67 mit finanziellen Schwierigkeiten zu kämpfen hatte wurde das Unternehmen von BMW übernommen.

Glas 2600 V8 / BMW 3000 V8

Das Goggomobil – ein typischer Kleinwagen der 50er Jahre – machte den Automobilbauer Hans Glas zweifelsohne berühmt. Der Erfolg dieses Wagens ermutigte Glas, seine Modellpalette ständig zu erweitern. Den Kleinwagen folgten bald fortschrittliche Mittelklassewagen und ein aufregendes Oberklasse-Modell. Der 1965 präsentierte Glas V8 war ein luxuriöses Coupé, das von einem V8-Motor mobilisiert wurde. Die Maschine entstand nach dem Baukastenprinzip und basierte auf zwei zusammengekoppelten 1,3-Liter-Aggregaten.

Modell:	BMW 3000 V8
Hubraum / Zylinder:	2982 ccm / 8 Zyl.
PS / kW:	160 / 117,2
Bauzeit:	1966 – 1968
Stückzahl:	698

Die Linienführung des 200 km/h schnellen Wagens hatte der Italiener Pietro Frua entworfen. 1966, nach dem Zusammenbruch der Glas-Werke und der Übernahme durch BMW, wurde das Coupé unter der Regie des neuen Hausherrn noch eine Weile in leicht modifizierter Form weitergebaut.

GOLIATH

Modell:	Goliath Pionier
Hubraum / Zylinder:	198 ccm/1 Zyl.
PS / kW:	5,5/4
Bauzeit:	1931 – 1934
Stückzahl:	ca. 4000

1931 entwickelten die in den Bremer Borgward-Konzern integrierten Hansa-Lloyd- und Goliath-Werke ihren ersten PKW, den Goliath Pionier. Carl F. Borgward, der bereits zuvor Automobile konstruiert hatte, erkannte schon seit langem die Notwendigkeit kleinerer Fahrzeuge, weshalb er 1931 auf der Berliner Automobilausstellung den PKW namens Pionier präsentierte. Die Holzkarosserie des simplen Zweisitzers wurde mit Kunstleder bezogen, und der im Heck platzierte Einzylinder-Zweitaktmotor genügte jener Käuferschicht, die mit bescheidenem Fahrkomfort nicht schneller als 50 km/h über die Straßen tuckern wollte. 1961, mit dem Zusammenbruch der Borgward-Gruppe, endete auch im Hause Goliath die Automobilherstellung.

Hanomag

Automobile baute die 1835 gegründete Hannoversche Maschinenbau AG (Hanomag) erst ab 1925. Um in diesem Geschäftsbereich Entwicklungskosten zu sparen, übernahm man eine zur Serienreife entwickelte Kleinwagenkonstruktion des Ingenieurs Fidelis Böhler. Weil der Wagen über viel Platz im Inneren verfügen sollte, verzichtete Böhler auf Kotflügel und Trittbretter und baute somit die erste typische „Pontonkarosserie"! Bevor der Hanomag 2/10 PS in Serie ging, präsentierte das Werk 1924 ein Musterexemplar auf der Berliner Automobilausstellung und rührte mit einer Vorserie von zehn Wagen kräftig die Werbetrommel. Der Aufwand hat sich gelohnt, das im Volksmund „Kommissbrot" genannte Auto sollte in Hanomags Automobilgeschichte der absolute Bestseller bleiben.

Modell:	Hanomag 2/10 PS
Hubraum / Zylinder:	502 ccm / 1 Zyl.
PS / kW:	10 / 7,3
Bauzeit:	1925 – 1928
Stückzahl:	15 775

Hansa

Modell:	Hansa A 16
Hubraum / Zylinder:	1550 ccm / 4 Zyl.
PS / kW:	16 / 11,7
Bauzeit:	1909–1912
Stückzahl:	–

Von der viel versprechenden Konjunktur des Automobilbaus vor dem Ersten Weltkrieg motiviert, expandierten die in Varel bei Oldenburg ansässigen Hansa-Werke, um sich neben dem Bau von Kleinwagen auch größeren Projekten widmen zu können: Sportwagen sollten das Programm bereichern, doch bevor diese Fahrzeugklasse debütierte, entwickelte man 1908 quasi als Standbein einen soliden Vierzylinder-Wagen, der in zahlreichen Karosserieversionen zu haben war. Wie damals üblich, besaß der Motor paarweise gegossene Zylinder. Ein Kardanantrieb besorgte die Kraftübertragung zur Hinterachse, das Getriebe konnte per außenliegender Kulissenschaltung bedient werden. 1914 schloss sich Hansa mit der Norddeutschen Maschinen- und Armaturenfabrik zusammen, um unter dem neuen Namen Hansa-Lloyd eine erweiterte Modellpalette auf den Markt zu bringen.

HEALEY

Zwar wird der Name Donald Mitchell Healey generell mit Englands legendärem Sportwagen namens Austin-Healey in Verbindung gebracht, doch schon lange bevor die „Big-Healeys“ existierten, stellte der ehemalige Pilot ein paar interessante Automobile auf die Räder. Der allererste Healey, der 1946 der Öffentlichkeit präsentiert wurde, basierte auf einem robusten Kastenrahmenchassis und wurde mit einem frisierten Motor der Marke Riley bestückt. Um Gewicht sparen zu können, bestand die Karosserie größtenteils aus Leichtmetall. Zwar war der Prototyp als viersitziger Roadster ausgelegt, doch das hielt Healey nicht davon ab, im Kleinserienbau ständig von diesem Konzept abzuweichen – fast jeder Wagen, der die Werkshallen verließ, sah anders aus.

Modell:	Healey 2.4 Litre
Hubraum / Zylinder:	2443 ccm/4 Zyl.
PS / kW:	106/77,6
Bauzeit:	1946–1954
Stückzahl:	–

Heinkel

Modell:	Heinkel Kabine 150
Hubraum / Zylinder:	174 ccm/1 Zyl.
PS / kW:	9/6,6
Bauzeit:	1955–1958
Stückzahl:	ca. 12 000

Ernst Heinkel, einer der großen deutschen Flugzeugbaupioniere, gründete 1949 in Speyer ein weiteres Unternehmen, das sich speziell mit dem Bau von Motorrollern und einem Kleinwagen befassen sollte. Als Produkt der Flugzeugwerke setzte man für die Heinkel Kabine auf Leichtbauweise und erreichte bei dem niedrigen Gewicht von 245 kg und der günstigen Formgebung eine Spitze von 82 km/h. Um diesen Wert zu erzielen, genügte der vom Heinkel-Motorroller her bekannte Viertaktmotor. Wurden die Heinkel Kabinen der ersten Serie noch mit einer Gestängeschaltung bestückt, erhielten spätere Modelle ein Viergang-Klauengetriebe nebst Bowdenzugschaltung. 1958, nach dem Ende der deutschen Produktion, wurden die Herstellerrechte der Kabine an die Firma International Sales Ltd. in Irland abgetreten und später von Trojan in England übernommen.

Holden

Ende des Jahres 1948 rückte Australien endlich zu den Ländern auf, die eine eigene Automobilproduktion besaßen. Im nahe Melbourne gelegenen Fishermen's Bend liefen bei der Firma Holden ein paar Modelle von den Bändern, die sich optisch von den bisher montierten Fahrzeugen abhoben – Holden diente lange Zeit als Montagewerk für Vauxhall und den General Motors-Konzern. Die Eigenständigkeit des Holden-Designs war bei genauer Betrachtung ein gut gelungener Mix amerikanischer und britischer Linienführung. Die als Viertürer ausgelegten geräumigen Wagen entsprachen mit ihrem selbsttragenden Karosserieaufbau modernstem Standard. Außerdem verfügten sie über einzeln aufgehängte Vorderräder – die hinteren wurden an einer Starrachse geführt.

Modell:	Holden 48/215
Hubraum / Zylinder:	2170 ccm/6 Zyl.
PS / kW:	61/45
Bauzeit:	1948–1953
Stückzahl:	–

HONDA

Modell:	Honda S 800 Cabrio
Hubraum / Zylinder:	791 ccm / 4 Zyl.
PS / kW:	70 / 51,2
Bauzeit:	1966 – 1970
Stückzahl:	ca. 11 400

Der Japaner Soichira Honda, der 1949 sein erstes Motorrad entwickelte und damit den Grundstein zu einem Weltimperium legte, stieg Jahre später – 1962 – auch ins Automobilgeschäft ein. Sein kleiner kompakter Lieferwagen machte im Land der aufgehenden Sonne schnell Karriere. Vom Erfolg des Minivans motiviert, zeigte Honda dann 1966 nicht in Japan, sondern in Europa anlässlich des Pariser Automobilsalons ein kleines aggressives Cabriolet, den Honda S 600. Erstaunlicherweise wollte man genau dieses Fahrzeug – das bald zum S 800 weiterentwickelt wurde – auch in Europa haben. Skeptiker betrachteten den Außenseiter Honda damals mit einem Lächeln. Inzwischen lacht man über die Marke nicht mehr – Honda Montagebetriebe sorgen in aller Welt für Arbeitsplätze.

Horch

Modell:	Horch 670
Hubraum / Zylinder:	6021 ccm / 12 Zyl.
PS / kW:	120 / 87,9
Bauzeit:	1931 – 1934
Stückzahl:	ca. 80

Als sich August Horch 1899 selbstständig machte, nahm er zuerst in Köln-Ehrenfeld in einem ehemaligen Pferdestall den Bau von Motorwagen auf. Auf der Suche nach größeren Fabrikanlagen verlagerte er 1903 seinen Betrieb in das sächsische Zwickau. Hier gründete er die Horch & Cie. Motorenwerke AG, die er wegen Differenzen mit dem Aufsichtsrat allerdings 1909 wieder verließ. Während er ein neues Unternehmen (Audi) aufbaute, entstanden in Zwickau weiterhin unter dem Markennamen Horch Qualitätswagen. Kurz vor der Gründung der Auto Union (ein Zusammenschluss der sächsischen Automobilhersteller Audi, DKW, Horch und Wanderer) im Jahre 1932 zeigten die Horch-Werke auf dem Pariser Salon ihr neuestes Spitzenprodukt – einen Luxuswagen mit zwölf Zylindern, den Horch 670. Das Sportcabriolet ging kurz darauf in Serie, wurde wegen der geringen Nachfrage aber nur bis 1934 gebaut.

Horch 8 Typ 780

Modell:	Horch 8 Typ 780
Hubraum / Zylinder:	4944 ccm/8 Zyl.
PS / kW:	100/73,2
Bauzeit:	1932–1935
Stückzahl:	ca. 4000 (gesamte Baureihe)

Nach Differenzen mit dem Vorstand und dem Aufsichtsrat verließ August Horch bereits 1909 das von ihm gegründete Unternehmen und initiierte in Zwickau eine weitere Firma – die Audi-Werke. In den 20er Jahren zog Horch nach Berlin und wirkte von dort aus seit 1932 als Aufsichtsratsmitglied der Auto Union AG als Sachverständiger und Gutachter bei der technischen Entwicklung des Unternehmens mit. Im Herbst 1926 stellten die „alten" Horch-Werke bereits ein neues Modell mit einem von Paul Daimler konstruierten Achtzylinder-Reihenmotor vor. Dieser Motor bestach durch seine Zuverlässigkeit und Laufkultur, und die von 1930 bis 1935 unter dem Sammelbegriff Horch 8 geführte Modellreihe, die ebenfalls von dieser Entwicklung profitierte, wurde bald zum Begriff für gehobene Ansprüche im Automobilbau.

Horch 5 Liter Typ 853 A

Modell:	Horch 5 Liter Typ 853 A
Hubraum / Zylinder:	4944 ccm / 8 Zyl.
PS / kW:	120 / 87,9
Bauzeit:	1938 – 1939
Stückzahl:	ca. 1000

1935, mit dem Wegfall der Hubraumsteuer, präsentierte Horch unter dem Sammelbegriff „Horch 5 Liter" eine weitere Baureihe, unter deren Haube sich generell ein Achtzylinder-Reihenmotor befand. Das anfangs 100 und später 120 PS starke Aggregat wurde am meisten für das Sportcabriolet vom Typ 853 genutzt – diesen Wagen hielten schon damals viele für den schönsten Horch, der je gebaut worden ist. Mit dem 853 konnte Horch die Spitzenposition im Luxuswagensegment deutlich behaupten – der Marktanteil betrug 1937 sogar über 50 Prozent! Das Cabriolet war von den Boulevards und Promenaden einfach nicht wegzudenken. Für namhafte Karosseriebauer wie Erdmann & Rossi, Gläser oder Wendler war es geradezu eine Herausforderung, dieses Modell „einkleiden" zu dürfen.

Iso

Modell:	Iso Grifo GL 365
Hubraum / Zylinder:	5354 ccm/8 Zyl.
PS / kW:	365/267,3
Bauzeit:	1965–1966
Stückzahl:	–

Richtig bekannt wurde die Mailänder Firma Iso 1953 durch ihre spektakuläre Kleinwagenkonstruktion, die als Lizenz an BMW verkauft wurde und dort als BMW-Isetta vom Band lief. Damit war das Thema Automobilbau für Isos Firmenchef Renzo Rivolta aber längst noch nicht abgehakt – Rivolta strebte nach Höherem und präsentierte 1962 mit dem Iso Rivolta IR 300 ein weiteres Automobil. Das mit einem Chevrolet-Motor (V8) bestückte Coupé sollte in der Sportwagenklasse für Aufmerksamkeit sorgen, doch es dauerte noch eine Weile, bis sich Rivolta am Ziel seiner Träume sah – der Durchbruch kam erst ein Jahr später mit dem Modell Grifo. Das Design des Coupés wurde übrigens nicht nur von Bertone entworfen, auch die Herstellung der Karosserie erfolgte im Hause des Karosseriebauexperten. Dem Grifo folgten später noch die Modelle Lele und Fidia, bevor die Marke 1979 vom Automobilmarkt verschwand.

(Jaguar) SS

Die Geschichte der Marke Jaguar reicht bis ins Jahr 1922 zurück, als William Lyons und William Walmsley in Blackpool die Swallow Sidecar Company gründeten, in der sie sich zunächst aber mit anderen Vehikeln beschäftigten: Sie produzierten Motorrad-Seitenwagen. Sechs Jahre später, mit dem Umzug zum heutigen Sitz Coventry, begann der Aufstieg des Unternehmens zum weltweit anerkannten Hersteller britischer Luxusautos. Als erstes eigenes Produkt rollte 1931 der Sportwagen SS 1 aus den Fabrikhallen.

Modell:	SS 1-16 HP Coupé
Hubraum / Zylinder:	2054 ccm/6 Zyl.
PS / kW:	48/35,2
Bauzeit:	1931 – 1936
Stückzahl:	4230

Schon zwei Jahre nach Serienbeginn profitierte der SS 1 von einer Anhebung des Hubraums und einer Leistungssteigerung. 1935 präsentierte Lyons auf der Londoner Automobilausstellung eine Cabrio-Version des SS 1 und rundete die Modellpalette weiter nach oben hin ab.

(Jaguar) SS 1-20 HP Airline

Modell:	SS 1-20 HP Airline
Hubraum / Zylinder:	2552 ccm/6 Zyl.
PS / kW:	62/45,4
Bauzeit:	1933–1936
Stückzahl:	573

William Lyons verwendete für seine frühen SS-Modelle ein Chassis des Zulieferers Standard, was den Vorteil hatte, die Produktionskosten auf einem relativ niedrigen Niveau zu halten. Da die Konstruktionsweise dieser Fahrgestelle für das ziemlich hochbeinige Aussehen der SS-Wagen verantwortlich war, modifizierte Lyons bald die Ausgangsbasis und entwickelte sein so genanntes Underslung-Fahrgestell. Es kam bereits bei allen ab 1932 gebauten Modellen zum Einsatz und gab den Wagen eine wesentlich elegantere Note. Außerdem eignete es sich hervorragend für die Bestückung mit Sonderkarosserien. Neben Coupés, Tourern und Limousinen entstanden 1936 einige exklusive Airline-Coupés – dieser Aufbau schmückte auch das allerletzte SS-Chassis mit der Nummer 249500.

Jaguar SS 100

Modell:	Jaguar SS 100
Hubraum / Zylinder:	2663 ccm / 6 Zyl.
PS / kW:	102 / 74,7
Bauzeit:	1936 – 1939
Stückzahl:	ca. 310

Nachdem 1935 der Name „Jaguar" für alle Modelle eingeführt worden war, erschien ein Jahr später der legendäre zweisitzige Sportwagen Jaguar SS 100 mit einer für die damalige Zeit sensationellen Höchstgeschwindigkeit von 160 km/h. Er ist heute der gesuchteste aller Vorkriegs-Jaguar. Die erste, von 1936 bis 1939 gebaute Serie, wurde mit einem 2,6-Liter-Motor bestückt – das größere 3,5-Liter-Aggregat war ab 1938 zu haben. Dass die Typenbezeichnung auf SS 100 lautete, ist übrigens auf die Spitze von 100 Meilen pro Stunde (160 km/h) zurückzuführen. Die ursprüngliche Idee, dem generell nur als Rechtslenker gebauten Wagen eine flotte Coupé-Version an die Seite zu stellen, wurde leider verworfen – der 1938 gezeigte Prototyp konnte nicht den Geschmack des Publikums treffen.

Jaguar XK 120 Showcar

Modell:	Jaguar XK 120 Showcar
Hubraum / Zylinder:	3442 ccm/6 Zyl.
PS / kW:	162/118,7
Bauzeit:	1948
Stückzahl:	Einzelstück

Auf der Londoner Motor Show im Oktober des Jahres 1948 standen zwei neue Jaguar Sportwagen, der XK 100 und der XK 120. Ob sie in Serie gehen würden, war noch nicht beschlossen; Jaguar-Chef William Lyons wollte zunächst einmal die Resonanz des Publikums abwarten, ehe er seine Entscheidung traf. Schon wenige Tage nach der Ausstellungseröffnung stand für ihn fest: Auf das kleinere Vierzylindermodell XK 100 konnte man getrost verzichten, doch der 3,4 Liter Sechszylinder XK 120 mit 160 PS musste gebaut werden. Die Reaktion der Ausstellungsbesucher und der Presse war sehr viel positiver ausgefallen, als Lyons zu hoffen gewagt hatte, und der offene Zweisitzer avancierte schnell zum Inbegriff des klassischen Sportwagens.

Jaguar XK 140 Coupé

Immer wieder wurde darüber spekuliert, wie der sportliche Jaguar XK zu seinem Namen kam. Die Erklärung war ganz einfach: Das X war ein Kürzel für das Wort „experimental", und der Buchstabe K ergab sich aus einer Folge interner Bezeichnungen für diverse Motorenprojekte. Dass gerade das Projekt XK die Grundlage für einen Mythos bildete, ahnten seine „Väter" gewiss nicht. Diese Männer hießen Harry Weslake, Walter Hassan und William Heynes. Sie schufen jenen Sechszylindermotor mit 3442 ccm Hubraum und zwei oben liegenden Nockenwellen, der über sein Experimentalstadium hinaus die Bezeichnung XK behielt und schließlich auch dem 1948 vorgestellten Sportwagen XK 120, der eine weltberühmte Fahrzeugfamilie anführen sollte, seinen Namen verlieh. In konsequenter Arbeit wurde der dohc-Motor immer wieder verbessert, verfeinert und optimiert.

Modell:	Jaguar XK 140 Coupé
Hubraum / Zylinder:	3442 ccm/6 Zyl.
PS / kW:	192/140
Bauzeit:	1954–1957
Stückzahl:	8884

Jaguar MK II 3.8 Litre

Modell:	Jaguar MK II 3.8 Litre
Hubraum / Zylinder:	3781 ccm/6 Zyl.
PS / kW:	220/161,2
Bauzeit:	1959–1967
Stückzahl:	30070

Mit der Einführung der selbsttragenden Karosserie läutete Jaguar 1955 eine neue Epoche im Automobilbau ein. Auch preislich setzte die viertürige Limousine auf dem europäischen Markt neue Akzente – es war schwer, so eine Luxuslimousine in vergleichbarer Ausstattung bei der Konkurrenz zu bekommen. Nach dem erfolgreichen Start des MK II in den Versionen 2.4 und 3.4 debütierte auf der Londoner Motor Show Ende 1959 als Highlight der Baureihe noch eine Serie, die mit einem Motor der 3,8-Liter-Klasse bestückt wurde. Der auf der Messe gezeigte Wagen stand allein schon wegen seiner außergewöhnlichen Optik im Blickpunkt – Jaguar nannte das gold-metallic lackierte Fahrzeug „Gold Plated Show Car".

Jaguar E-Type Series 1

Das Design des E-Type stammte von Malcolm Sayer, der den E-Type aus dem D-Type heraus entwickelte. Der E-Type debütierte im März 1961 auf dem Genfer Automobilsalon, und Jaguar sorgte zum wiederholten Male für eine weltweite Sensation. Der schlanke Zweisitzer, ästhetisch wie funktional überzeugend, setzte Maßstäbe in vielerlei Hinsicht. Die von Bob Knight neu entwickelte Hinterradaufhängung verlieh dem Sportwagen exzellente Fahreigenschaften und eine sichere Straßenlage. Als Antriebsaggregat besaß der E-Type den Sechszylindermotor seines Vorgängers mit 3,8 Litern Hubraum und 265 PS. Mit einem Fahrzeuggewicht von nur 1168 kg lief der Wagen fast 240 km/h schnell und beschleunigte von null auf 100 km/h in knapp sieben Sekunden.

Modell:	Jaguar E-Type Series 1
Hubraum / Zylinder:	3781 ccm / 6 Zyl.
PS / kW:	265 / 196,3
Bauzeit:	1961 – 1964
Stückzahl:	ca. 15 700

Jaguar E-Type Series 2

Modell:	Jaguar E-Type Series 2
Hubraum / Zylinder:	4235 ccm / 6 Zyl.
PS / kW:	265 / 194,1
Bauzeit:	1968 – 1971
Stückzahl:	18 820

Mit der Präsentation des E-Type etablierte sich Jaguar 1961 definitiv in der Weltspitze des Automobilbaus. Wie nur wenige Modelle in der Automobilgeschichte faszinierte der rassige Sportwagen vom ersten Tag an Publikum und Fachleute gleichermaßen. Obwohl seine Produktion bereits 1974 auslief, wird der E-Type noch heute von vielen Menschen automatisch mit der Marke Jaguar gleichgesetzt. Seine Position als Ikone des Automobilbaus dokumentierte 1996 auch das Museum of Modern Art in New York, das den E-Type in Cabrio-Ausführung als nur eines von drei bedeutenden Automobilen in seine Dauerausstellung aufnahm. Während seiner Bauzeit bereitete der E-Type nicht nur dem Privatfahrer ein sportliches Vergnügen – etliche Teams setzten den E-Type auch erfolgreich im Motorsport ein.

Jaguar E-Type Series 3

Im März 1971 wurde für die Fangemeinde des E-Type ein Traum der besonderen Art Wirklichkeit: Endlich arbeitete unter der langen Haube des Sportlers ein V12-Motor mit 5,3 Litern Hubraum! Die Umstellung von sechs auf zwölf Zylinder war genau genommen schon mehr als überfällig: Jaguar durfte auf keinen Fall den Anschluss an die Konkurrenz verlieren, und die setzte schon seit langem auf enorme Leistungssteigerungen. Was die Enthusiasten aber ein wenig störte, war die Entscheidung, dass der E-Type von nun an auf dem langen Radstand (2670 mm) basierte. Das wirkte sich vor allem negativ auf das Erscheinungsbild des Cabriolets aus, doch man gewöhnte sich daran.

Modell:	Jaguar E-Type Series 3
Hubraum / Zylinder:	5354 ccm / 12 Zyl.
PS / kW:	276 / 202,2
Bauzeit:	1971 – 1974
Stückzahl:	15 287

Jaguar XJ 6

Modell:	Jaguar XJ 6
Hubraum / Zylinder:	4235 ccm/6 Zyl.
PS / kW:	205/150,2
Bauzeit:	1968 – 1972
Stückzahl:	78 891

Die Präsentation der ersten Generation der XJ-Baureihe fand am 26. September 1968, dem Vorabend der Londoner Motor Show, statt. Rückblickend kann man sagen, dass für Jaguar damit ein neues Zeitalter begann. Die Formgebung der zeitlos schönen Limousine stammte noch weitgehend von Sir William Lyons, dem Gründer und damaligen Chef des Hauses Jaguar. Die ursprünglich interne Projektbezeichnung XJ stand für „experimental Jaguar". Die englische Presse war vom neuen Jaguar XJ auf Anhieb begeistert und lobte das Modell in den höchsten Tönen. Die traditionellen Jaguar-Attribute wie Stil, Sportlichkeit, Leistung und Komfort verbanden sich im XJ mit moderner Technik und Laufkultur. Angeboten wurde der Jaguar XJ zunächst mit dem bewährten 4,2 Liter XK-Motor mit Doppelvergaser, der 205 PS leistete.

Kaiser Henry

Modell:	Kaiser Henry J
Hubraum / Zylinder:	2199 ccm / 4 Zyl.
PS / kW:	69 / 50,5
Bauzeit:	1951 – 1953
Stückzahl:	–

Als 1945 der amerikanische Großindustrielle Henry J. Kaiser gemeinsam mit Joseph W. Frazer die Marke Graham-Paige übernahm, plante man, neben Luxuswagen auch eine Art „Volkswagen" auf den Markt zu bringen. Zwar konnte Kaiser seine Modellpalette vom Start weg erfolgreich etablieren, doch schon Ende der 40er Jahre rutschten die Verkaufszahlen tief in den Keller. Ein kompaktes Modell der Mittelklasse (4430 mm Gesamtlänge, 2540 mm Radstand) sollte die Marke 1951 wieder populärer machen. Das nach Henry J. Kaiser benannte Fahrzeug zeigte eine recht gefällige Form und wurde in der Standardausführung mit einem Vierzylindermotor bestückt. Die höherwertige Ausführung – Typ Henry J De Luxe – erhielt einen Achtzylinder-Reihenmotor der 2,6-Liter-Klasse mit einer Leistungsabgabe von 81 PS.

KLEINSCHNITTGER

Modell:	Kleinschnittger F 125
Hubraum / Zylinder:	123 ccm / 1 Zyl.
PS / kW:	4,5 / 3,5
Bauzeit:	1950–1957
Stückzahl:	ca. 2000

Paul Kleinschnittger gründete 1949 in Arnsberg die Kleinschnittger-Werke GmbH, um dort mit einer Belegschaft von 75 Mann den zweisitzigen F 125 zu bauen. Dieses Auto entsprach in etwa den Anschaffungs- und Unterhaltskosten eines Motorrads. Selbst leidenschaftlicher Motorradfahrer, war Kleinschnittger der Nachteil eines Zweirads – mangelnder Wetterschutz – bestens bekannt. Da seine Autokonstruktion nur 130 kg auf die Waage brachte, konnte auf den Rückwärtsgang verzichtet werden – wer den F 125 wenden wollte, musste aussteigen, das Wägelchen am Heck anheben und es einfach nur umsetzen! Der Einstieg in den türlosen Wagen war durch die geschickt gestalteten Seitenteile leicht zu bewältigen, allerdings nur, solange man auf den Gebrauch des eigenwilligen Klappverdecks verzichtete.

La Salle

Um Käufern eine preislich interessante Alternative zum Cadillac bieten zu können, lancierte der amerikanische General Motors-Konzern 1927 die Billigmarke „La Salle". Billig bedeutete für den Automobilriesen aber keine Einbuße an Qualität – beim La Salle wurden (im Gegensatz zum Cadillac) lediglich auf diverse Komfortausstattungen verzichtet. Trotzdem ging die Rechnung nicht auf: Immer wieder wurde versucht, den La Salle dem Cadillac anzupassen und der Preisvorteil ging allmählich verloren. 1940 hatte die Marke ausgedient und wurde aus dem GM-Konzern gestrichen. Der La Salle 303 von 1927 entstand übrigens am Zeichenbrett von Harley Earl – Earl war auch für die Linienführung der Cadillac-Wagen verantwortlich.

Modell:	La Salle 303
Hubraum / Zylinder:	4965 ccm / 8 Zyl.
PS / kW:	90 / 66
Bauzeit:	1927 – 1928
Stückzahl:	–

Lagonda

Modell:	Lagonda Rapier Typ 10
Hubraum / Zylinder:	1086 ccm / 4 Zyl.
PS / kW:	55 / 40,3
Bauzeit:	1934 – 1939
Stückzahl:	ca. 470

Lagonda wurde – so unglaublich es klingt – von Wilbur Gunn, einem Opernsänger gegründet! Der gebürtige Amerikaner kam bereits 1891 nach England, ließ sich in Staines an der Themse nieder und baute zuerst Cyclecars, bevor er 1906 den Automobilbau unter dem Namen „Lagonda" ins Handelregister eintragen ließ. Weil die Marktsituation der 30er Jahre viele kleine Sportwagen mit vier Zylindern verlangte, rundete Lagonda 1933 das Programm auch nach unten ab und präsentierte einen handlichen, vom Konstrukteur Timothy Ashcroft entwickelten Wagen, den Rapier. Er kostete mindestens 375 britische Pfund und war für eine anspruchsvolle und verwöhnte Kundschaft gedacht, die durchaus mit einem kleinen vierzylindrigen Sportwagen liebäugelte, aber etwas Aufregenderes erwartete als einen schlichten MG, Riley oder Singer. 1945 ging das Unternehmen an den David-Brown-Konzern, um dort als Aston-Martin-Lagonda zu erscheinen.

Lamborghini

Modell:	Lamborghini 350 GTV
Hubraum / Zylinder:	3497 ccm / 12 Zyl.
PS / kW:	360 / 263,7
Bauzeit:	1963
Stückzahl:	2

Nachdem sich Ferruccio Lamborghini zunächst im Traktoren-, Ölbrenner- und Klimaanlagenbau einen Namen in der italienischen Nachkriegs-Industriegeschichte schaffte, gründete er 1963 seine Automobilfirma in Sant Agata. Der Legende nach war Sportwagenfan Lamborghini zuvor bei Enzo Ferrari vorstellig geworden, um Verbesserungsvorschläge für dessen Fahrzeuge zu unterbreiten, was Ferrari sich von einem Traktorenhersteller natürlich verbeten hatte. Als Reaktion darauf holte Lamborghini zum Gegenschlag aus und präsentierte bald einen ersten eigenen Wagen, den 350 GTV. Damit nahm der Mythos seinen Lauf, und niemand hatte damals gedacht, dass einmal die Prominenz Schlange stehen würde, um einen Lamborghini zu kaufen.

Lamborghini Miura P 400

Modell:	Lamborghini Miura P 400
Hubraum / Zylinder:	3929 ccm / 12 Zyl.
PS / kW:	320 / 234,4
Bauzeit:	1966 – 1969
Stückzahl:	475

Im März 1966 wurde auf dem Genfer Salon mit dem grandiosen neuen Miura nicht nur das automobile Symbol einer Epoche, sondern auch der Traum aller Sportwagen-Enthusiasten vorgestellt. Die Entstehungsgeschichte des Miura – er wurde nach einem Kampfstier benannt! – begann bereits 1964, als Lamborghinis Techniker Dallara, Stanzani und Wallace ihrem Chef ein neues Chassis präsentierten, auf dem man den Motor mittig und quer zur Fahrtrichtung platziert hatte. Dieses Chassis sorgte ein Jahr später für viel Wirbel unter Italiens Karosseriebauern; denn jeder wollte es einkleiden. Letztendlich erhielt Bertone den Zuschlag – er entwarf das für die Serienfertigung mustergültige Design. Noch heute findet diese Linie Beachtung; denn das Museum of Modern Art in New York hat den Miura inzwischen zur automobilen Ikone erklärt.

Lamborghini Countach LP 400

Lamborghinis begnadete Techniker Paolo Stanzani und Marcello Gandini entwickelten für den Modelljahrgang 1971 etwas ganz Besonderes – den vom Motorsport inspirierten Prototyp Countach LP 500. Der Wagen, der sein Debüt auf dem Genfer Salon feierte, sollte allen Sportwagenfans gerecht werden, die sich erst im extremen Hochgeschwindigkeitsbereich wohl fühlten. Der LP 500 – praktisch ein Alu-Körper in dynamischer Keilform und mit extrem stabiler Straßenlage – bildete in abgewandelter Form (LP 400) die Grundlage für ein neues Serienmodell, das in fünf Sekunden von null auf 100 km/h beschleunigen konnte. Die Höchstgeschwindigkeit des LP 400 wurde vom Werk mit 300 km/h angegeben – in Wahrheit lag sie aber „nur" bei etwa 290 km/h.

Modell:	Lamborghini Countach LP 400
Hubraum / Zylinder:	3929 ccm / 12 Zyl.
PS / kW:	375 / 274,7
Bauzeit:	1974 – 1978
Stückzahl:	150

Lancia

Modell:	Lancia Alpha
Hubraum / Zylinder:	2543 ccm/4 Zyl.
PS / kW:	28/20
Bauzeit:	1908
Stückzahl:	–

Unter allen Automobilherstellern weltweit zählt Lancia nicht unbedingt zu den allerältesten – aber sicherlich zu den innovativsten Unternehmen. Vincenzo Lancia, ein leidenschaftlicher Techniker und kreativer Perfektionist, eröffnete 1908 im Turiner Vorort San Paolo mit seinem Partner Claudio Fogolin die gemeinsame Werkstatt namens Lancia & C. Fabbrica Automobili, in der das erste Lancia-Automobil, der Typ 12 HP, auf die Räder gestellt wurde. Der später „Alpha" genannte Wagen wurde mit einem Reihenvierzylinder bestückt, der seine Leistung bei 1800 U/min abgab – für damalige Verhältnisse war das eine Schwindel erregend hohe Drehzahl und ein erster Hinweis auf Lancias Vorliebe für sportliche Antriebe, die den Charakter der Marke prägen sollte. Auch das Modell Theta von 1913 sorgte für Aufmerksamkeit: Hier konnte der elektrische Anlasser per Fußpedal betätigt werden, eine Batterie versorgte die Zündung und die Lichtanlage.

Lancia Aprilia

Modell:	Lancia Aprilia
Hubraum / Zylinder:	1351 ccm/4 Zyl.
PS / kW:	48/35,1
Bauzeit:	1937–1949
Stückzahl:	–

Von der Idee des Fortschritts beseelt, forcierte Lancia 1934 die Entwicklung eines besonders innovativen Autos namens Aprilia. Er erteilte seinen Mitarbeitern präzise Konstruktionsanweisungen – unter anderem: Länge weniger als 4000 mm, Innenraum für fünf Personen, Gewicht unter 900 kg, windschnittige Karosserie! Das Design mit dem stark abgesenkten Heck setzte erstmals neue Maßstäbe auf dem Gebiet der Aerodynamik. Mit einem Luftwiderstandsbeiwert von 0,47 war der Aprilia vielen anderen Wagen weit voraus, denn der Durchschnittswert lag damals bei 0,60. Die Verwendung dünner Bleche (unter anderem Aluminium) reduzierte zudem das Gesamtgewicht und machte den Aprilia in Bezug auf Benzinverbrauch zu einem der sparsamsten Wagen seiner Zeit.

Lancia Aurelia B 10

Modell:	Lancia Aurelia B 10
Hubraum / Zylinder:	1754 ccm/6 Zyl.
PS / kW:	56/41
Bauzeit:	1950–1953
Stückzahl:	–

Im Sommer 1950, zwölf Stunden vor der offiziellen Eröffnung des Turiner Salons, enthüllte Lancia in einer abendlichen Weltpremiere vor internationalem Publikum das erste Modell einer neuen Mittelklasse-Baureihe: den Aurelia B10 Berlina. Die Presse bescheinigte der noblen Limousine in den folgenden Tagen sensationell innovative Eigenschaften. Der Grund: Im Gegensatz zu vielen Wettbewerbern brach der Lancia Aurelia optisch und technisch radikal mit den veralteten Fahrzeugkonzepten der Nachkriegszeit. Unter seiner selbsttragenden Karosserie arbeitete der erste serienmäßig eingesetzte und sehr schmal bauende V6-Motor der Welt; sein Zylinderwinkel beträgt 60 Grad, seine Leistung 56 PS, sein Hubraum 1754 ccm.

Le Zebre

Modell:	Le Zebre Typ D
Hubraum / Zylinder:	998 ccm/4 Zyl.
PS / kW:	15/11
Bauzeit:	1914–1920
Stückzahl:	–

1909 entwickelten die Ingenieure Salomon und Lamy einen kleinen Einzylinder-Wagen mit zwei Gängen, der bald wegen seiner Zuverlässigkeit in ganz Frankreich populär wurde. Bevor sich Jules Salomon als Konstrukteur bei Citroën entfalten konnte, stellte er schnell noch einen weiteren Le Zebre auf die Räder, der sich in einigen Punkten durch interessante Details von vielen anderen Automobilen unterschied. 1931 experimentierte die Firma Le Zebre mit Dieselmotoren, doch es blieb lediglich bei einigen Gehversuchen – der Automobilbau wurde eingestellt.

Lincoln

Modell:	Lincoln Zephyr
Hubraum / Zylinder:	4379 ccm / 12 Zyl.
PS / kW:	110 / 80,5
Bauzeit:	1936–1942
Stückzahl:	–

Die amerikanische Nobelmarke Lincoln wurde 1920 von Henry M. Leland in Detroit gegründet. Als Initiator der Marke Cadillac verfügte Leland bereits über reichlich Erfahrung im Automobilbau und wusste, was verwöhnte Käufer von einem Luxusautomobil erwarteten. 1922 übernahm der Ford-Konzern die Marke Lincoln, die noch immer als Prestigemarke geführt wird. In der reichhaltigen Modellpalette besaßen die großen V12-Versionen einen besonders hohen Stellenwert. Um den Absatz dieser Wagen weiter anzukurbeln, brachte man 1936 mit dem Typ Zephyr ein von der Preisgestaltung her besonders interessantes Modell auf den Markt – dieser V12 war für 1.300 Dollar zu haben.

LLOYD

Modell:	Lloyd Alexander TS
Hubraum / Zylinder:	596 ccm / 2 Zyl.
PS / kW:	25 / 18,3
Bauzeit:	1958 – 1961
Stückzahl:	–

Bereits von 1906 bis 1914 hatte es Personenwagen der Marke Lloyd gegeben, danach verband sich das Unternehmen mit Hansa und ging 1929 an Carl F. W. Borgward über, der die Marke 1950 als Zweig der Borgward-Gruppe wieder reaktivierte. Mit dem Lloyd LP 300 stellte der in Bremen ansässige Automobilbauer für die Zeit der 50er Jahre eine ebenso interessante wie kostengünstige Lösung auf die Räder. Die Krönung konsequenter Weiterentwicklungen und Verbesserungen gipfelte 1958 in der Präsentation des Lloyd Alexander TS. Dank seines durchweg geschraubten und völlig zerlegbaren Aufbaus war der Wagen aber ein Musterbeispiel an niedrigen Folgekosten. Mit insgesamt 176 524 Einheiten zählten die Modelle LP 600, Alexander und Alexander TS eindeutig zu den populärsten Automobilen des Bremer Konzerns, bevor mit dem Zusammenbruch des Bordward-Konzerns der Automobilbau 1961 eingestellt wurde.

Lotus

Modell:	Lotus Seven Serie 1
Hubraum / Zylinder:	1172 ccm/4 Zyl.
PS / kW:	40/29,3
Bauzeit:	1957–1970
Stückzahl:	–

Colin Chapman, der berühmte englische Konstrukteur und Fabrikant von Lotus Renn- und Sportwagen, beschäftigte sich schon 1947 mit dem Bau eines kleinen Sportwagens, der auf dem legendären Austin Seven basierte. Der Erfolg motivierte ihn, seinen „Feierabend-Betrieb" ab 1957 in eine richtige Fabrik umzuwandeln und eine Serienfertigung zu starten. Da man in England für ein Bausatzauto weniger Steuern zahlen musste, brachte Chapman seinen Lotus Seven auch als Kit auf den Markt – wer technisch weniger begabt war, aber auf den Fahrspaß eines Lotus Seven nicht verzichten wollte, bestellte sich den leichten Zweisitzer mit Aluminiumkarosserie fertig montiert. Für spätere Versionen favorisierte Chapman anstelle des Leichtmetallaufbaus eine Kunststoffkarosserie.

Maserati

Als die Maserati-Brüder 1926 in Bologna ihre Firma Officine Alfieri Maserati S.p.A. gründeten, bauten sie zuerst und für lange Zeit nur hochkarätige Rennwagen, bevor sie sich 1946 auch mit der Entwicklung und Konstruktion hinreißender Straßensportwagen beschäftigten. Mit dem Modell A6 stellte Maserati 1946 einen für den Privatfahrer gedachten Klassiker auf die Räder, dessen Design am Zeichenbrett Pininfarinas entworfen wurde.

Modell:	Maserati A6 GCS
Hubraum / Zylinder:	1985 ccm / 6 Zyl.
PS / kW:	167 / 122,3
Bauzeit:	1953 – 1957
Stückzahl:	–

Der A6 blieb vom Konzept her für lange Zeit die tragende Säule des Modellprogramms. Der Hubraum des Sechszylindermotors (anfangs 1488 ccm) wurde permanent vergrößert und die Leistungsabgabe gesteigert.

Maserati 5000 GT

Modell:	Maserati 5000 GT
Hubraum / Zylinder:	4975 ccm / 8 Zyl.
PS / kW:	350 / 256,3
Bauzeit:	1959 – 1965
Stückzahl:	–

Ein Motor der 5-Liter-Klasse machte den 1959 vorgestellten Maserati 5000 GT zum Traumwagen schlechthin. Das kurzhubige V8-Aggregat mit je zwei obenliegenden Nockenwellen pro Zylinderreihe gab bei 6200 Touren eine Leistung von 350 PS ab. Diese Kraft, die über ein Vierganggetriebe an die starre Hinterachse gebracht wurde, war ausreichend, um den Traumwagen auf 270 km/h zu bringen. Die meisten Karosserien für diesen Wagen entstanden im Hause Touring, wo man sich schon seit langem auf eine besondere Art der Leichtbauweise spezialisiert hatte (System Superleggera). Da die Kundschaft für derartige Sportwagen begrenzt war, lieferte Maserati den 5000 GT fast ausschließlich auf Bestellung.

Maserati Merak

Schon 1968 begann zwischen Citroën und Maserati eine Zusammenarbeit, die der Autowelt nicht nur den aufregenden Citroën SM, sondern auch den Maserati Merak bescherte. So ist es nicht verwunderlich, dass Maserati für das eine oder andere Teil, das in dem Wagen verbaut wurde, auf das Ersatzteillager des französischen Partners zurückgriff. Andererseits revanchierte sich Maserati damit, dass der V6-Motor, der den Merak auf Trab brachte, auch im Citroën SM genutzt werden konnte. Neben der Standardversion mit drei Litern Hubraum stellte Maserati eigens für den italienischen Markt noch eine 2-Liter-Version auf die Räder. Trotz ungenügender Laufkultur und mangelnder Zuverlässigkeit verkaufte sich das Mittelmotor-Coupé recht gut – für einen Maserati war es nämlich ausgesprochen preiswert.

Modell:	Maserati Merak
Hubraum / Zylinder:	2965 ccm / 6 Zyl.
PS / kW:	220 / 161,1
Bauzeit:	1972 – 1983
Stückzahl:	ca. 1800

Matra

Modell:	Matra Djet V
Hubraum / Zylinder:	1255 ccm/4 Zyl.
PS / kW:	72/52,7
Bauzeit:	1964–1968
Stückzahl:	1681

René Bonnet, der schon in den 50er Jahren gemeinsam mit seinem Partner Charles Deutsch (ebenfalls Franzose) sportlich angehauchte Wagen auf der Basis des französischen Panhards auf die Räder stellte, brachte sein Wissen und Potential 1964 in die Firma Matra ein, wo man einen weiteren nach seinen Ideen konstruierten Sportwagen realisierte. Dieses Matra Djet genannte Modell wurde als Mittelmotor-Sportwagen konzipiert und besaß eine relativ flache Kunststoffkarosserie. Obwohl Matra den Djet nur mit Vierzylindermotoren der 1,1- bzw. 1,2-Liter-Klasse bestückte, zierte diesen Wagen ein Interieur, das man eher in einem teuren italienischen Automobil vermutet hätte. Während es sich bei dem Unterbau des Djet (Gitterrahmenkonstruktion) um eine Eigenentwicklung handelte, wählte Bonnet als Antriebsaggregat einen Großserienmotor von Renault.

Maybach

Modell:	Maybach Zeppelin DS 8 Cabrio
Hubraum / Zylinder:	7978 ccm/ 12 Zyl.
PS / kW:	200/ 146,5
Bauzeit:	1930 – 1934
Stückzahl:	ca. 190

Wilhelm Maybach, Mitarbeiter Gottlieb Daimlers und Konstrukteur des Mercedes – dem ersten richtigen Auto –, verließ 1907 die Daimler-Motoren-Gesellschaft, um mit seinem Sohn Karl eigene Motoren zu entwickeln. Weil die sich für den Antrieb der eben populär gewordenen Luftschiffe eigneten, nahm er Verbindung mit dem Grafen Zeppelin auf und gründete zusammen mit ihm 1909 die Luftfahrzeug-Motorenbau GmbH in Bissingen bei Stuttgart, deren technischer Direktor sein Sohn Karl wurde. 1912 übersiedelte die Firma nach Friedrichshafen neben den Luftschiffbau des Grafen Zeppelin. 1921 begann Karl Maybach in Friedrichshafen mit dem Bau eigener Automobile: Allerdings wurden nur Rahmen, Fahrwerk, Motor, Getriebe, Kühler, Spritzwand und alle anderen Aggregate als fahrbereites Chassis zusammengebaut – für die Aufbauten waren Karosseriebaufirmen zuständig, die sich ihrerseits den Wünschen der Kunden anpassten.

Maybach SW 38

Modell:	Maybach SW 38
Hubraum / Zylinder:	3817 ccm / 6 Zyl.
PS / kW:	140 / 102,5
Bauzeit:	1936 – 1939
Stückzahl:	ca. 520

Um die Modellpalette der großen Zeppelin-Typen zu ergänzen und abzurunden, präsentierte Maybach 1935 eine etwas kleinere Fahrzeugklasse, deren Einstiegspreis bei etwa 20.000 Reichsmark lag – ein Zeppelin kostete bis zu 38.500 Reichsmark! Diese Baureihe mit Einzelradfederung wurde von Maybach als „Schwingachs-Wagen" bezeichnet, wovon das Kürzel SW abgeleitet wurde. Alle SW-Modelle profitierten von neu entwickelten Hochleistungsmotoren (HL-Motoren) mit Hubräumen von 3,5, 3,8 und 4,2 Liter – sie kamen dementsprechend als Typ SW 35, SW 38 oder SW 42 auf den Markt. Die SW-Modelle zählten zu den meistverkauften Maybach-Wagen – der letzte Maybach, der 1941 noch aus Restbeständen von Einzelteilen auf die Räder gestellt wurde, war übrigens ein Typ SW 42.

Maybach SW 42 Transformationscabriolet

Modell:	Maybach SW 42 Transformationscabriolet
Hubraum / Zylinder:	4197 ccm / 6 Zyl.
PS / kW:	140 / 102,5
Bauzeit:	1939 – 1941
Stückzahl:	ca. 45

Um das Schaltschema der Maybach-Wagen zu verdeutlichen, wurde der Schaltvorgang in der Betriebsanleitung wie folgt beschrieben: „Schalten vom niederen in höhere Gänge: Wenn der Wagen angefahren ist, werden die Hebel am Lenkrad ohne zu kuppeln und ohne Gas wegzunehmen auf den gewünschten höheren Gang eingestellt. Dann lässt man den Gashebel los und gibt nach einer Pause von ein bis zwei Sekunden Gas. Dadurch ist der gewünschte Gang eingeschaltet. Die Pause dient der Senkung der Motordrehzahl und dem automatischen Einkuppeln der Schaltklauen im Getriebe. Schalten vom höheren in einen niederen Gang: Zunächst werden die Hebel am Lenkrad auf den niederen Gang eingestellt, dann der Fuß vom Gas genommen, aber sofort ohne Wartepause weich Gas gegeben. Bei diesem Vorgang erfolgt das automatische Schalten durch erhöhen der Motordrehzahl".

Mazda

Modell:	Mazda R 360
Hubraum / Zylinder:	356 ccm / 2 Zyl.
PS / kW:	16 / 11,7
Bauzeit:	1959 – 1963
Stückzahl:	–

Erste Erfahrungen im Automobilbau sammelte Mazda (das 1931 in Japan gegründete Unternehmen ist aus der Firma Toyo Kogyo in Hiroshima hervorgegangen) bereits in den 30er Jahren. Man baute motorisierte Dreiräder und LKW, deren Produktion auch nach dem Zweiten Weltkrieg fortgeführt wurde. 1961 schloss Mazda einen Lizenzvertrag mit NSU, um den von Felix Wankel entwickelten Rotationskolbenmotor nutzen zu können. Der Mazda 110 S Cosmo, der als erstes Modell der großen japanischen Marke von dieser Technik profitierte, war zwar ab 1967 zu haben – allerdings nicht für den europäischen Markt. Bevor man den Cosmo auf die Räder stellte, bestand die Modellpalette hauptsächlich aus einem Reigen innovativer Kleinwagen wie dem Typ 360.

Mercedes

Elf Jahre nachdem der Daimler Stahlradwagen auf die Räder gestellt wurde, begegnete Wilhelm Maybach jenem Mann, ohne den es die Bezeichnung Mercedes nie gegeben hätte: Emil Jellinek. Jellinek, ein wohlhabender Geschäftsmann, wohnte in Baden bei Wien sowie in Nizza in seiner Villa „Mercedes". Als Jellinek von den fortschrittlichen Fahrzeugen der Daimler-Motoren-Gesellschaft (DMG) erfahren hatte, nahm er mit der DMG Kontakt auf und bestellte zahlreiche Wagen, die er selbst äußerst erfolgreich verkaufen konnte. Im April 1900 vereinbarte die DMG mit Jellinek den gemeinsamen Fahrzeugvertrieb, um die Wagen nun unter dem Namen Mercedes auf den Markt zu bringen. Diese Bezeichnung wurde gewählt, weil Mercedes einerseits das Pseudonym für Jellinek, aber auch der Vorname seiner zehnjährigen Tochter war!

Modell:	Mercedes 35 PS
Hubraum / Zylinder:	5913 ccm / 4 Zyl.
PS / kW:	35 / 25,7
Bauzeit:	1901
Stückzahl:	–

Mercedes Simplex 28/32 PS

Modell:	Mercedes Simplex 28/32 PS
Hubraum / Zylinder:	5315 ccm/4 Zyl.
PS / kW:	32/23,4
Bauzeit:	1901–1905
Stückzahl:	–

Schon der erste Mercedes – das Modell 35 PS – ging als technische Sensation in die Automobilgeschichte ein. Während die Masse der Autos längst noch nicht dem Zeitalter motorisierter Kutschen entwachsen war, trug der Mercedes mit langem Radstand, breiter Spur und niedrigem Aufbau erstmals die für ein Automobil typischen Züge. Verstärkt wurde das positive Image durch die legendären Siege auf der Rennwoche in Nizza. Persönlichkeiten wie der amerikanische Milliardär Rockefeller zählten bald zu den Mercedes-Stammkunden. Um die Modellpalette abzurunden, entwickelte die DMG unter dem Label Mercedes zwei weitere Wagen, die sich durch eine komfortablere, simplere Bedienung auszeichnen sollten. Ergo nannte man sie Mercedes-Simplex, und das erste Modell, das im März 1902 ausgeliefert wurde, ging natürlich wieder an Emil Jellinek.

Mercedes Knight 16/45 PS

Als bei der Daimler-Motoren-Gesellschaft 1907 Paul Daimler die Leitung des Konstruktionsbüros übernahm und die Nachfolge Wilhelm Maybachs antrat, schwebte ihm etwas ganz besonders vor: Er wollte einen außergewöhnlich laufruhigen Wagen etablieren, der von einem so genannten Schiebermotor angetrieben wurde. Diese ventillose Bauart, die der Amerikaner Knight entwickelt hatte, zeichnete sich vor allem durch eine sehr niedrige Motordrehzahl aus und konnte die volle Leistung bereits bei Drehzahlen von unter 2000 U/min abgeben. Außerdem erwiesen sich Schiebermotoren als extrem langlebig, doch sie verlangten eine große Portion an feinfühliger Bedienung – eine Eigenschaft, die vielen Autobesitzern fremd war. Von dem Typ 16/45 PS abgesehen, erwiesen sich alle Knight-Modelle im Alltagsbetrieb als ungeeignet – für Daimler ein Grund, den unprofitablen Wagen 1924 ersatzlos zu streichen.

Modell:	Mercedes Knight 16/45 PS
Hubraum / Zylinder:	4080 ccm/4 Zyl.
PS / kW:	45/33
Bauzeit:	1916–1924
Stückzahl:	–

Mercedes 24/100/140 PS

Modell:	Mercedes 24/100/140 PS
Hubraum / Zylinder:	6240 ccm / 6 Zyl.
PS / kW:	100 / 73,2
Bauzeit:	1924 – 1925
Stückzahl:	–

1921 begann bei der Daimler-Motor-Gesellschaft die Kompressor-Ära – eine Phase, in der mit dem neuen Chefkonstrukteur Dr. Ferdinand Porsche ein neuer Mann ins Spiel kam. Er leitete mit dem Sechszylindermotor des Mercedes 24/100/140 PS die nächste Stufe der Kompressor-Ära ein. Der spätere Vater des VW Käfers und Gründer des gleichnamigen Sportwagenherstellers nutzte den von Paul Daimler (Sohn von Gottlieb Daimler) aufgebauten Technologiestand, um mit dem 24/100/140 PS das vielleicht weltweit beste Auto jener Tage zu entwickeln. Es debütierte im Dezember 1924 auf der Berliner Automobilausstellung. Die 24 in seiner Bezeichnung gab Aufschluss über die auf den Hubraum bezogenen Steuer-PS, eine fiskalische Angelegenheit. Die 100 und 140 standen für die PS-Motorleistung ohne bzw. mit zugeschaltetem Kompressor.

Mercedes-Benz K 24/110/160 PS

Roots-Kompressor – das war das Zauberwort für Ferdinand Porsche, der wie sein Vorgänger Paul Daimler wusste, dass sich diese aufwändige Technik hervorragend zur Leistungssteigerung für Hochleistungsautomobile eignet. Wie früher üblich, nannte die erste Zahl der Modellbezeichnungen die hubraumabhängigen Steuer-PS, die zweite die Motorleistung bei Saugbetrieb und die dritte Zahl die Leistung mit eingeschaltetem Kompressor. Porsches erste Konstruktionen wurden 1926 durch das ebenfalls von ihm weiterentwickelte Modell K (auch als 630 K bezeichnet) erneut getoppt. Dieser Wagen nebst seinen Vorgängermodellen blieb noch nach der Fusion der Firmen von Daimler und Benz anno 1926 im Programm. Im Gegensatz zu später debütierenden Kompressorwagen stand das K in der Typbezeichnung hier nicht für die Kompressor-Bestückung, sondern es wies auf den gekürzten Radstand des Chassis hin.

Modell:	Mercedes-Benz K 24/110/160 PS
Hubraum / Zylinder:	6240 ccm / 6 Zyl.
PS / kW:	110/80,5
Bauzeit:	1928–1929
Stückzahl:	–

Mercedes-Benz SS

Modell:	Mercedes-Benz SS
Hubraum / Zylinder:	7065 ccm/6 Zyl.
PS / kW:	140/102,5
Bauzeit:	1928–1932
Stückzahl:	151

Die bei Daimler-Benz unter den Bezeichnungen Mercedes-Benz S, SS, SSK und SSKL gebauten Kompressorwagen gingen zwar überwiegend als Rennsport-Zweisitzer in die Geschichte ein, doch neben den Sportausführungen wurden auch verschiedene Tourenwagen und Cabriolets karossiert. In seiner zweiten Evolutionsstufe als Typ SS oder Typ 27/140/200 PS erschien der von Ferdinand Porsche konstruierte Wagen 1928 mit einem höher verdichteten Motor. Das ebenfalls mit Doppelzündung (Magnet und Batterie) ausgerüstete Aggregat gab jetzt 20 PS Leistung mehr ab. Das Kürzel SS in der Modellbezeichnung des 35.000 Reichsmark teueren Gefährts bedeutete übrigens „Super Sport", während sich der Vorgänger namens S mit der schlichteren Bezeichnung „Sport" zufrieden geben musste.

Mercedes-Benz 18/80 PS Typ Nürburg 460

Als Horch 1926 mit seinen neuen Achtzylindern den bei weitem größten Marktanteil in der gehobenen Fahrzeugklasse errang, musste Daimler-Benz notgedrungen nachziehen – man entwickelte unter der Regie des damaligen Chefkonstrukteurs Ferdinand Porsche ein entsprechendes Gegenstück, heraus kam das Modell Nürburg. Dieser Wagen erhielt seinen Namen allerdings nicht wegen sportlicher Meriten, sondern weil er im Rahmen eines Dauertests 20000 Kilometer Laufleistung auf dem Nürburgring absolvierte.

Modell:	Mercedes-Benz 18/80 PS Typ 460 Nürburg
Hubraum / Zylinder:	4622 ccm / 8 Zyl.
PS / kW:	80 / 58,6
Bauzeit:	1928 – 1933
Stückzahl:	2893

Mercedes-Benz Typ Mannheim 370 S

Modell:	Mercedes-Benz Typ Mannheim 370 S
Hubraum / Zylinder:	3689 ccm/6 Zyl.
PS / kW:	75/55
Bauzeit:	1930–1933
Stückzahl:	183

Der Mercedes-Benz 370 S gab ein beispielhaftes Muster ab, dass es durchaus möglich war, aus den technischen Bestandteilen einer biederen Limousine einen sportlich aussehenden Zweisitzer zu machen. Trotz seiner bescheidenen Leistung von nur 75 PS zählte dieser Mittelklassewagen mit verkürztem Fahrgestell damals zu den schönsten Modellen des Konzerns – Rennfahrer Rudolf Caracciola besaß einen 370 S als Zweitwagen. Ein Erfolg wurde der 370 S dennoch nicht: Auf Grund der in der Automobilindustrie herrschenden Absatzkrise konnte das Werk von dem nur 10.800 Reichsmark teuren Sport-Modell gerade 183 Wagen verkaufen. Die Normalversion mit längerem Radstand – meist Limousinen – fand etwa 1200 Käufer.

Mercedes-Benz Typ 170

Modell:	Mercedes-Benz Typ 170
Hubraum / Zylinder:	692 ccm/6 Zyl.
PS / kW:	32/23,4
Bauzeit:	1931–1936
Stückzahl:	13775

Schon 1930 gab es Gerüchte, dass Daimler-Benz einen kompakten Mittelklassewagen auf den Markt bringen wolle – erstmals sehen konnte man das Ergebnis 1931 auf dem Pariser Automobilsalon. Der Typ 170, ein formal gelungenes und gut ausgestattetes Auto, zeichnete sich vor allem durch eine Preiswürdigkeit aus, die dem Unternehmen in dieser wirtschaftlich schwierigen Zeit trotzdem wachsende Umsätze bescherte. Was den 170 aber zur eigentlichen Sensation machte, war sein Fahrwerk mit den vier erstmals einzeln aufgehängten Rädern: vorn achslos an zwei querliegenden Blattfedern, hinten an je einer Halbpendelachse. Diese Konstruktion vereinigte hohe Stabilität mit einem Minimum an ungefederten Massen – ein Meilenstein in Richtung Fahrkomfort und Fahrsicherheit.

Mercedes-Benz Typ 500 K

Modell:	Mercedes-Benz Typ 500 K
Hubraum / Zylinder:	5018 ccm/8 Zyl.
PS / kW:	100 (mit Kompressor 160)/ 73 bzw. 117
Bauzeit:	1934–1936
Stückzahl:	342

Mit dem 500 K nahm Mercedes-Benz Abschied von den „Roaring Twenties", in denen die S, SS, SSK und SSKL-Modelle für Schlagzeilen sorgten. Die Zeit harter Fahrwerke mit Starrachsen hatte jetzt ein Ende, und auch der meist zweckbestimmende Karosseriestil gehörte der Vergangenheit an. Der neue 500 K Sportwagen traf den Nerv zahlungskräftiger Kunden, denn er bot ihnen neben hohen PS-Zahlen auch jede Menge Eleganz und Komfort, was vor allem den immer zahlreicher werdenden selbstfahrenden Damen sehr gelegen kam. Vom Fahrkomfort her verwöhnte der 500 K seine Insassen erstmals mit einer Einzelradaufhängung, die neben der schon 1931 eingeführten Zweigelenk-Pendelachse als sensationelle Weltneuheit eine Doppel-Querlenker-Vorderachse zu bieten hatte.

Mercedes-Benz Typ 540 K

Modell:	Mercedes-Benz Typ 540 K
Hubraum / Zylinder:	5401 ccm / 8 Zyl.
PS / kW:	115 (mit Kompressor 180) / 84 bzw. 132
Bauzeit:	1936–1939
Stückzahl:	406

Der schier unstillbare Leistungshunger der betuchten Kundschaft ließ aus dem Typ 500 K den Typ 540 K entstehen. Um auch seinen Motor an die Grenzen der Leistungsfähigkeit zu bringen, konnte man kurzfristig – zum Beispiel beim Überholen – den Kompressor hinzuschalten: Ähnlich dem Kick-Down-Effekt geschah dies über das Gaspedal, indem ein Druckpunkt überwunden wurde. Das Viergang- oder wahlweise Fünfganggetriebe war mit Ausnahme des ersten Ganges synchronisiert und brachte die Antriebskraft über eine Einscheiben-Trockenkupplung an die Hinterräder. Die Höchstgeschwindigkeit von 170 km/h war für einen Wagen dieser Klasse damals ein absoluter Traumwert – ebenso der Benzinverbrauch zwischen 27 und 30 Liter auf 100 Kilometer Fahrtstrecke.

Mercedes-Benz Typ 260 D

Modell:	Mercedes-Benz Typ 260 D
Hubraum / Zylinder:	2545 ccm/4 Zyl.
PS / kW:	45/33
Bauzeit:	1936–1939
Stückzahl:	1967

Daimler-Benz experimentierte bereits 1933 erfolgreich mit einem Dieselmotor, der dazu gedacht war, kurze Zeit später in einem Personenwagen Verwendung zu finden. 1936 hatte man das Aggregat schließlich zur Serienreife entwickelt und auf der Berliner Automobilausstellung präsentiert. Der Wagen, der damit ausgestattet wurde, war ebenfalls ein neues Modell, das die Typenbezeichnung 260 trug. Kritische Tester attestierten dem Typ 260 bald ausgezeichnete Laufeigenschaften. Da die relativ raucharme Maschine sehr wirtschaftlich arbeitete, legte Daimler-Benz in einer Sonderserie etwa 170 Exemplare auf, die in einem Großversuch auf ihre Brauchbarkeit als Taxi getestet wurden.

Mercedes-Benz Typ 320

Modell:	Mercedes-Benz Typ 320
Hubraum / Zylinder:	3405 ccm/6 Zyl.
PS / kW:	78/57,1
Bauzeit:	1937–1942
Stückzahl:	ca. 5100

1937 debütierte bei Daimler-Benz mit dem Typ 320 ein Wagen, dessen kurzes Fahrgestell (2880 mm) ausnahmslos mit attraktiven Cabriolet- und Coupé-Aufbauten bestückt wurde. Als man den Hubraum des Motors ein Jahr später von 3,2 auf 3,4 Liter anhob, blieb man weiterhin der alten Modellbezeichnung treu. Ergänzend zu den eleganten Zweisitzern wurde der Wagen nun auch mit einem längeren Chassis (3300 mm Radstand) geliefert. Die größten und geräumigsten Karosserieaufbauten erhielten serienmäßig sechs Seitenfenster und konnten am Heck noch zusätzlich mit einem Anbaukoffer bestückt werden, der sich harmonisch dem Wagendesign anpasste. Die ab 1938 gebauten Wagen profitierten von einem so genannten Ferngang – eine Art Overdrive, der die Motordrehzahl reduzierte.

Mercedes-Benz 170 S Cabriolet A

Modell:	Mercedes-Benz 170 S Cabriolet A
Hubraum / Zylinder:	1767 ccm/4 Zyl.
PS / kW:	52/38
Bauzeit:	1949–1951
Stückzahl:	830

Der Mercedes-Benz Typ 170, mit dem der Konzern nach Ende des Zweiten Weltkriegs die Tradition im Automobilbau fortsetzte, entwickelte sich im Zuge der Modellpflege zu einem zuverlässigen Gebrauchsfahrzeug erster Güte. Trotz zahlreicher technischer Verbesserungen (Überarbeitung des Fahrwerks, Pendelachse, zentrale Chassisschmierung) blieb Daimler-Benz der bereits in den 30er Jahren entwickelten unverwechselbaren Karosserieform weitgehend treu. Dem wachsenden Wohlstand angemessen, reagierte man auf den Wunsch nach mehr Leistung, und der Aufstieg in die automobile Oberklasse war zu Beginn der 50er Jahre wieder zum Greifen nah. Mit dem Anstieg der Nachfrage und der Steigerung der Produktion war es nur noch eine Frage der Zeit, bis der Konzern die Modellpalette mit anderen Baumustern ergänzte.

Mercedes-Benz 300

Modell:	Mercedes-Benz 300
Hubraum / Zylinder:	2996 ccm / 6 Zyl.
PS / kW:	115 / 84,2
Bauzeit:	1951 – 1954
Stückzahl:	–

Es herrschte viel Gedränge auf dem Stand der Daimler-Benz AG, als man 1955 anlässlich der Frankfurter IAA neben dem eleganten Mercedes-Benz 220 noch einen weiteren Wagen, den Typ 300, präsentierte. Mit diesem imposanten Modell wollte der Konzern auf eindrucksvolle Weise neue Akzente in der automobilen Oberklasse setzen – und das ist den Ingenieuren mehr als gelungen. Die fast 5000 mm lange viertürige Limousine basierte auf einem X-förmigen Rahmen, dessen Radstand 3050 mm betrug. Ein optischer Kunstgriff ließ den 300er noch länger wirken, als er schon war, denn die Form der stark ausgeprägten vorderen Kotflügel setzte sich nahtlos über die gesamte Breite der Vordertüren fort.

Mercedes-Benz 219

Modell:	Mercedes-Benz 219
Hubraum / Zylinder:	2195 ccm/6 Zyl.
PS / kW:	85/62,2
Bauzeit:	1954–1959
Stückzahl:	–

Im Herbst 1953 präsentierte Daimler-Benz mit dem Typ 180 endlich den lang erwarteten „Ponton-Wagen". Bei diesem Modell kam im Konzern erstmals die Bauweise der selbsttragenden Karosserie zur Anwendung, die jede Menge Vorteile brachte: So profitierte der Wagen dank des rechteckigen Grundrisses von einer optimalen Raumausnutzung. Gleich nach dem ersten Produktionsjahr wurde der vierzylindrige 180 durch eine längere Limousine gleichen Baumusters ergänzt. Dieser Typ 220a, der ab 1956 durch den 219 ersetzt wurde, erhielt einen drehmomentstarken Sechszylindermotor. Vor allem das Modell 219 – eine hochwertige Alternative zum sechszylindrigen Opel – sollte Interessenten einen preisgünstigen Einstieg in diese Fahrzeugklasse bieten.

Mercedes-Benz 300 SL

Modell:	Mercedes-Benz 300 SL
Hubraum / Zylinder:	2996 ccm/6 Zyl.
PS / kW:	215/157,5
Bauzeit:	1954–1957
Stückzahl:	1400

Am 15. Juni 1951 fasste der Vorstand von Daimler-Benz einen Beschluss mit großer Tragweite: Mercedes-Automobile sollten wieder auf die Rennstrecken der Welt zurückkehren. Wie sich später herausstellte, war es eine äußerst glückliche Entscheidung. Denn sie brachte der Marke Mercedes-Benz in den 50er Jahren nicht nur zwei WM-Titel in der Formel 1, sondern war gleichzeitig auch die Geburtsstunde einer unsterblichen Auto-Faszination: des Mythos SL. Selten hat eine Buchstabenfolge wie die Modellbezeichnung SL – eigentlich nur als Kürzel für „sportlich" und „leicht" gedacht – einen ähnlich charismatischen Glanz erreicht. Die beiden Buchstaben sind noch heute die Urkunde für eine einzigartige Mercedes-Tradition und Garanten für eine pulsierende Legende.

Mercedes-Benz 300 SL Roadster

Modell:	Mercedes-Benz 300 SL Roadster
Hubraum / Zylinder:	2996 ccm/6 Zyl.
PS / kW:	215/157,5
Bauzeit:	1957–1963
Stückzahl:	1858

Im März 1957 löste der Roadster, der bis 1963 produziert wurde, den Flügeltürer ab. Wieder blickte man bei dieser Entscheidung auf den US-Markt, wo offene Automobile im Trend lagen. Ab 1958 gab es den Roadster, der sich vom Coupé durch seine länglichen, senkrecht angeordneten Scheinwerfer unterschied, auch mit Hardtop. Damit begründete Mercedes-Benz die Philosophie, dass ein SL offen, aber gleichzeitig auch wettertauglich sein muss. In beiden Varianten bewies der 300 SL eine einzigartige Anziehungskraft. Die internationale Prominenz schmückte sich gern mit diesem Sportwagen. Filmdiva Zsa Zsa Gabor legte sich ebenso einen 300 SL zu wie Zeitungskönig William Randolph Hearst, adelige Häupter wie der Herzog von Edinburgh und Schah Reza Pahlevi fuhren SL genauso wie Rock 'n' Roll-König Elvis Presley.

Mercedes-Benz 220 SE Coupé

Der bekannte Sechszylindermotor, den es ab Oktober 1958 auch in einer Version als Einspritzer gab, zeichnete sich in erster Linie natürlich durch die höhere Leistungsabgabe aus. Er brachte gegenüber der Vergaser-Ausführung 15 PS mehr an die Hinterräder. Dank seines höheren Drehmoments erzielten das Ponton-Cabrio und das Ponton-Coupé damit eine etwas bessere Beschleunigung, an der Höchstgeschwindigkeit von 160 km/h änderte sich hingegen nichts. Allerdings schlug der Einspritzmotor mit einem saftigen Aufpreis zu Buche. Der kaufkräftigen Kundschaft, die sich einen luxuriösen 220 SE mit verschwenderischer Ausstattung leisten konnte, schien das wenig zu stören. Auf Grund der hohen Nachfrage blieb der SE ein Jahr länger in Produktion als der 220 S.

Modell:	Mercedes-Benz 220 SE Coupé
Hubraum / Zylinder:	2195 ccm/6 Zyl.
PS / kW:	115/84,2
Bauzeit:	1958–1960
Stückzahl:	–

Mercedes-Benz 230 SL

Modell:	Mercedes-Benz 230 SL
Hubraum / Zylinder:	2306 ccm / 6 Zyl.
PS / kW:	150 / 109,9
Bauzeit:	1963 – 1971
Stückzahl:	48 912

Als Nachfolger des legendären 300 SL stand 1963 zuerst der 230 SL auf dem Genfer Automobilsalon. Das eingangs noch ungewohnte Erscheinungsbild des Sportwagens hob den 230 SL sofort von anderen Fahrzeugen dieser Klasse ab. Sein dominierendes Designmerkmal war ein abnehmbares Coupé-Dach, das sich außerhalb jeglicher Norm zur Fahrzeugmitte hin absenkte. „Pagode" taufte der Volksmund den Sportwagen treffend, weil das Aufsetzdach an die japanische Tempelarchitektur erinnerte. Es sprach sich schnell herum, dass die zweite Generation der SL-Reihe ein wirklicher Reisewagen war – seine Fahrleistungen hatten aber keineswegs zahmen Charakter: 150 PS aus dem 2,3-Liter-Sechszylinder beschleunigten den 230 SL auf 200 km/h.

Mercedes-Benz 230 S

Modell:	Mercedes-Benz 230 S
Hubraum / Zylinder:	2306 ccm / 6 Zyl.
PS / kW:	120 / 87,9
Bauzeit:	1965 – 1967
Stückzahl:	–

1959 verkaufte Daimler-Benz erstmals mehr als 100 000 Personenwagen. Das lag unter anderem an dem einschlagenden Erfolg einer neuen Oberklasse-Limousine, die Daimler-Benz im selben Jahr vorstellte: Es waren die 220er-Modelle der Baureihe W 111. Aufgrund ihrer Heckpartie, die mit dezenten „Flossen" Anklänge an amerikanische Fahrzeuge jener Epoche zeigte, entstand im Volksmund schnell die Bezeichnung „Heckflosse".

Die geräumigen Limousinen gab es bald in zahlreichen Hubraumklassen und Ausstattungsvarianten, vom Einspritzermodell bis hin zum Diesel war alles zu haben.

Mercury

Modell:	Mercury Serie 99 Convertible
Hubraum / Zylinder:	3900 ccm / 8 Zyl.
PS / kW:	95/70
Bauzeit:	1938–1940
Stückzahl:	–

Nur wenige Menschen haben in der Automobilgeschichte eine derart wichtige Rolle gespielt wie Henry Ford. Er machte das Automobil der großen Masse zugänglich, doch ohne die Hilfe seines Sohns Edsel hätte die amerikanische Konzerngeschichte vielleicht einen anderen Lauf genommen. Edsel machte seinem Vater klar, dass in der großen Produktpalette der späten 30er Jahre trotzdem ein Zwischenmodell fehlte, das die Lücke vom günstigsten Ford für 780 Dollar und dem teuersten Wagen für 1.300 Dollar schließen sollte. Edsel konnte überzeugen, und dank seiner Unterstützung präsentierten die Ford-Händler im September 1938 die neue Marke Mercury. Zugegeben – der Wagen sah einem Ford sehr ähnlich, auch wenn er etwas breiter und länger war.

Messerschmitt

Modell:	Messerschmitt KR 175
Hubraum / Zylinder:	173 ccm / 1 Zyl.
PS / kW:	9 / 6,6
Bauzeit:	1953 – 1955
Stückzahl:	ca. 10 000

Fritz Fend zählt zu den Tüftlern, die sich nach dem Zweiten Weltkrieg mit der Konstruktion von Kleinwagen befassten. Seine Gefährte, die so genannten Kabinenroller, hoben sich optisch von dem Gros der Mitbewerber ab – wen wundert das: Fend war Flugzeugingenieur und konnte nur etwas Stromlinienförmiges auf die Räder stellen. Gemeinsam mit seinem früheren Arbeitgeber, Professor Messerschmitt, gründete er in Regensburg die Fahrzeug- und Maschinenbau GmbH, wo die eigenwilligen Dreiräder bis 1964 gefertigt wurden. Für die Motorisierung der in mehreren Versionen gebauten Kabinenroller wurden generell Zweitaktmotoren verwendet.

MG

Modell:	MG 14/40 HP
Hubraum / Zylinder:	1802 ccm/4 Zyl.
PS / kW:	40/30
Bauzeit:	1924–1929
Stückzahl:	–

Die MG-Story nahm ihren Anfang, als Cecil Kimber, Chef einer Morris-Vertretung, 1923 mit seinem Job nicht mehr zufrieden war. Es war seine Spezialität, die Morris-Wagen mit Sonderkarosserien zu bestücken, doch seiner Meinung nach standen die schlanken Aufbauten im Missverhältnis zum konservativen Morris-Chassis und den ziemlich leistungsschwachen Antriebsaggregaten. Kimber frisierte deshalb einen Morris und machte daraus einen neuen 128 km/h schnellen Wagen. In Anlehnung an seine Firmenbezeichnung „Morris-Garage" entwarf er das achteckige MG-Emblem und initiierte in Zustimmung mit Morris die Marke MG. Warb Kimber anfangs noch mit dem Slogan „MG – the Super Sports Morris", so entwickelte sich seine Marke bald zu einem eigenständigen von Morris unabhängigen Unternehmen.

MG Typ PB Midget

Modell:	MG Typ PB Midget
Hubraum / Zylinder:	939 ccm / 4 Zyl.
PS / kW:	35 / 25,6
Bauzeit:	1934 – 1936
Stückzahl:	ca. 530

Als Antwort auf den beim Konkurrenten Singer erschienenen Typ Le Mans lancierte MG für den Jahrgang 1935 das neue Modell PB. Der PB hatte in die Fußstapfen seines Vorgängers – dem etwa 2000 Mal verkauften PA – zu treten und ging als letzter klassischer „Nockenwellen-Midget“ in die Firmengeschichte ein. Mehr Hubraum gegenüber dem PA, ein besser ausgestattetes Armaturenbrett und ein Steinschlagschutz für den Kühler waren nun die wesentlichsten Neuerungen. Während der Singer schon eine hydraulische Bremsanlage besaß, blieb der PB weiterhin mechanischen Seilzugbremsen treu. 1935 fiel bei MG auch die Entscheidung, den Bau von Fahrzeugen rennsportlichen Charakters zu reduzieren – Grund hierfür war die ständig zunehmende Nachfrage nach Alltagsautomobilen.

MG Typ TC

Modell:	MG Typ TC
Hubraum / Zylinder:	1250 ccm/4 Zyl.
PS / kW:	54/40
Bauzeit:	1945–1949
Stückzahl:	ca. 10 000

Eigentlich werden Automobile, solange sie noch vom Fließband rollen, noch nicht als Klassiker bezeichnet. Zu den wenigen Ausnahmen, die es in der Automobilgeschichte bisher gab, zählten unter anderem die T-Modelle aus dem Hause MG. Obwohl sie technisch eigentlich nie richtig up to date waren, verkörperten sie von Anfang an den Inbegriff des typisch britischen Sportwagens. Gleich der erste Wagen dieser Baureihe – der TC – entwickelte sich zu einem Bestseller. Er konnte nicht nur auf der britischen Insel, sondern vor allem auch in den USA hervorragend abgesetzt werden. Cecil Kimber, Gründer der Marke MG, konnte diesen spannenden Augenblick leider nicht mehr erleben – er kam im Februar 1945 bei einem tragischen Eisenbahnunfall ums Leben.

MG Typ A

Zum Herbst 1955 präsentierte MG mit dem Modell A eine vollkommen neue Baureihe, die der Sportwagenmarke wieder zu mehr Popularität verhelfen sollte. Rundliche, sanft geschwungene Linien bestimmten das Design des Zweisitzers – nichts erinnerte mehr an die alten T-Modelle. Der A basierte auf einem modernen Unterbau, dessen nach außen gebogene Längsträger durch zusätzlich platzierte Querstreben verstärkt wurden. Diese Auslegung sorgte für eine verwindungsfreie Konstruktion, denn der A sollte in erster Linie als offener Roadster den Markt bereichern. Der Tradition entsprechend, rollten die Hinterräder noch immer an einer starren Achse, während man sie vorn einzeln aufhängte. Die Federung entsprach dem technischen Durchschnitt – hinten gab es Halbelliptikfedern, die Vorderräder wurden von Schraubenfedern abgestützt.

Modell:	MG Typ A
Hubraum / Zylinder:	1489 ccm / 4 Zyl.
PS / kW:	69 / 50,5
Bauzeit:	1955 – 1962
Stückzahl:	ca. 98 900

MG Typ B

Modell:	MG Typ B
Hubraum / Zylinder:	1798 ccm / 4 Zyl.
PS / kW:	95 / 69,6
Bauzeit:	1974 – 1980
Stückzahl:	–

1962 wurde der MG A durch das Nachfolgemodell MG B ersetzt. Dieser offene Sportwagen mit selbsttragender Karosserie erschien drei Jahre später auch als bildhübsches Coupé mit Schrägheckkarosserie. Während MG 1968 die Fertigung der großen Magnette-Limousine einstellte, sorgte der MG B zusammen mit dem kleinen Midget weiter für Produktionsrekorde. Beide Modelle wurden auch im Wettbewerbssport eingesetzt, wobei allerdings der MG B öfter die Nase vorn hatte. Der mit einem Vierzylindermotor bestückte MG B verkaufte sich außerordentlich gut – eine von 1967 bis 1969 gebaute Variante mit sechs Zylindern ließ sich hingegen nur 900 Mal an den Mann bringen. 1974 erhielt der MG B im Rahmen eines letzten Faceliftings Stoßstangen aus Kunststoff – diese Version blieb bis zum Produktionsende 1980 im Programm.

Morgan

Modell:	Morgan Sports
Hubraum / Zylinder:	990 ccm/2 Zyl.
PS / kW:	32/23,4
Bauzeit:	1931–1934
Stückzahl:	–

Weil H.S.F. Morgan, Sohn eines Vikars aus dem britischen Malvern Link, Motorräder zu kippelig und unsicher fand, entwarf er ein Gefährt nach eigenen Vorstellungen – heraus kam ein einsitziges Dreirad. Dass er 1910 damit den Grundstein zu einer Firma legte, die noch immer existiert und sich nach wie vor im Familienbesitz befindet, hatte damals niemand geahnt. Morgans Dreirad-Konzept war einerseits simpel, andererseits auch genial: Sein Vehikel basierte auf einem aus drei Rohren bestehenden Rahmen, von denen zwei ursprünglich sogar als Auspuffrohre genutzt wurden! Das Getriebe, das die Kraft des V2-Zylinders an das einzelne Hinterrad brachte, bestand aus einfachen Klauenkupplungen. Ebenso simpel legte Morgan die Vorderradfederung aus – ihm genügten einfache Schiebehülsen, die die Funktion der Stoßdämpfer übernahmen.

Morgan Plus 8

Modell:	Morgan Plus 8
Hubraum / Zylinder:	3532 ccm/ 8 Zyl.
PS / kW:	184/ 134,8
Bauzeit:	ab 1968
Stückzahl:	–

Mit der Vorstellung des Morgan Plus 8 schlug das Herz aller Morgan-Fans ohne Zweifel höher: Dieser 1968 präsentierte Wagen profitierte nämlich von einem bulligen V8-Zylindermotor aus dem Hause Rover. Da die moderne Maschine der 3,5-Liter-Klasse aus Leichtmetall gefertigt wurde und der Morgan nur 850 kg auf die Waage brachte, eröffneten sich für Morgan-Fahrer von nun an ganz neue Perspektiven – endlich konnte die magische Grenze von 200 km/h durchbrochen werden! Damit der Morgan diesem Leistungsplus gewachsen war und eine akzeptable Straßenlage erhielt, verlängerte man den Radstand geringfügig und erweiterte die Spurbreite auf 1260 mm. Kenner identifizierten den Plus 8 schon von weitem – er rollte serienmäßig auf elegant gestylten Leichtmetallfelgen.

Morris

Genau genommen war das erste Automobil, das William Morris 1913 auf den Markt brachte, alles andere als eine hundertprozentige Eigenkonstruktion – Morris bediente sich, wo immer es ging, aus dem Angebot der Zulieferer. So stammte der Motor aus dem Hause White & Poppe, die Achsen von Wrigley, die Räder von Sankey und die Karosserie von Raworth. Die Fachpresse bezeichnete den Morris Oxford immerhin als das beste aus Fremdteilen gefertigte Automobil seiner Zeit. Mit dem Nachfolger, dem 1915 vorgestellten Morris Cowley, wurde die englische Marke dann richtig bekannt. Wagen der ersten Serie wurden mit Antriebsaggregaten der amerikanischen Continental Motors Company bestückt, die nach dem Ersten Weltkrieg gefertigten Fahrzeuge erhielten Hotchkiss-Motoren.

Modell:	Morris Oxford
Hubraum / Zylinder:	1011 ccm / 4 Zyl.
PS / kW:	11 / 8
Bauzeit:	1913 – 1914
Stückzahl:	–

Morris Minor Saloon

Modell:	Morris Minor Saloon
Hubraum / Zylinder:	803 ccm / 4 Zyl.
PS / kW:	27 / 19,8
Bauzeit:	1948 – 1971
Stückzahl:	1 015 000

Bei Morris vertrat man schon zu Beginn des Zweiten Weltkriegs die Meinung, dass das Geschäft zukünftig mehr im Kleinwagenbau liegen werde. Wie recht man hatte – immerhin verlangte der bewährte Morris Eight dringend einen Nachfolger. Alec Issigonis, der bereits seit 1936 für Morris tätig war, aber erst viel später durch die Kreation des Mini weltberühmt wurde, hatte seit langem ähnliche Ideen, und er tat gut daran, all diese Gedankengänge während der langen Kriegsnächte in Skizzenbüchern festzuhalten. So entstand bereits im Dezember 1943 ein zweitüriger Versuchswagen in amerikanischer Formgebung, den man „Mosquito" nannte. Diesem Prototypen, der auf kleinen 14-Zoll-Rädern lief, folgten 1946/47 weitere Versuchsfahrzeuge, aus denen sich letztendlich der legendäre Morris Minor entwickelte.

NSU

NSU wurde 1873 als Neckarsulmer Strickmaschinen-Union gegründet und fertigte unter dem Namen NSU Vereinigte Fahrzeugwerke AG ab 1901 auch Motorräder. 1906 fasste das Unternehmen im Automobilbau Fuß, stellte die Fahrzeugproduktion aber 1929 wieder ein. Zwei Jahre später wollte NSU wegen der Absatzschwierigkeiten auf dem Zweiradmarkt wieder Automobile bauen, obwohl man die PKW-Produktion zwischenzeitlich an Fiat verkauft hatte. Der Auftrag zur Konstruktion eines Kleinwagens wurde an Porsche vergeben, der schon im August 1933 erste Konzeptentwürfe vorlegte. Bei der Probefahrt traten Schwierigkeiten mit den Federstäben auf, die ständig brachen. Weil sich NSU zwischenzeitlich außerstande sah, Kapital in die Fertigung zu investieren, wurde das Projekt bald zu den Akten gelegt. Erst 1957, mit der Vorstellung des Prinz I, sorgte NSU im Automobilbau wieder für Gesprächsstoff.

Modell:	NSU Prototyp/Porsche 32
Hubraum / Zylinder:	1470 ccm/4 Zyl.
PS / kW:	28/20,5
Bauzeit:	1934
Stückzahl:	1

NSU Prinz I

Modell:	NSU Prinz I
Hubraum / Zylinder:	583 ccm / 2 Zyl.
PS / kW:	20 / 14,7
Bauzeit:	1958 – 1962
Stückzahl:	ca. 94 500

Es muss für die Fachpresse eine Überraschung gewesen sein, als ausgerechnet Deutschlands größte Zweiradfabrik – NSU – im September 1957 per Pressemitteilung wissen ließ: „Der Prinz ist da!" Gemeint war damit ein Automobil, das der Marktsituation entsprechend den Kleinwagensektor bereichern sollte; denn noch immer blieb für viele der VW-Käfer ein Traum. Dem NSU Prinz, der ab März 1958 vom Band laufen sollte, schrieb man eine besonders wichtige Vorgabe ins Lastenheft: Vier erwachsene Menschen mussten in diesem Automobil untergebracht werden, anders gesagt, eine komplette Familie. Das war durchaus machbar – allerdings nicht auf die bequemste Weise, wie Fachjournalisten nach ausgiebigen Testfahrten zu berichten hatten.

NSU Ro 80

Das „Auto des Jahres 1967", der mit einem Zweischeiben-Wankelmotor ausgestattete Ro 80, setzte neue Maßstäbe in Straßenlage, Sicherheit, Komfort und Leistung. Mit der futuristischen und keilförmigen Karosserielinie wurde ein Design kreiert, das in vieler Hinsicht auch noch heute aktuell anmutet. Der Wankelmotor, der erheblich weniger Bauteile als der herkömmliche Hubmotor benötigte und sich durch geringeres Antriebsgewicht, kleineren Raumbedarf und vibrationsarmen Lauf auszeichnete, machte das Design des Ro 80 mit der flachen Motorhaube erst möglich. Letztlich fiel der Ro 80 der Ölkrise zum Opfer. Die Forderungen nach sparsamem Umgang mit Energie und nach kleineren Autos ließen die Produktion des NSU Ro 80 schließlich nicht mehr wirtschaftlich erscheinen.

Modell:	NSU Ro 80
Hubraum:	2 x 497 ccm
PS / kW:	115/84,2
Bauzeit:	1967–1977
Stückzahl:	37 398

Oldsmobile

Modell:	Oldsmobile Toronado
Hubraum / Zylinder:	6995 ccm / 8 Zyl.
PS / kW:	380 / 278,3
Bauzeit:	1966 – 1970
Stückzahl:	143 134

1897 gründete der Amerikaner Ransom E. Olds im Bundesstaat Michigan seine Olds Motor Works Co. Nach dem erfolgreichen Start mit seinem Modell „Curved Dash" gliederte er 1908 sein Unternehmen in den General Motors-Konzern ein, unter dessen Regie sich die Marke Oldsmobile bald zu einem bedeutenden Automobilproduzenten entwickelte. 2001 stellte General Motors die Entwicklung neuer Modelle allerdings ein. Während zu Beginn der 60er Jahre viele Automobilhersteller die Meinung vertraten, dass der Frontantrieb nur eine optimale Lösung für Fahrzeuge der unteren Hubraumklassen sei, bewies Oldsmobile genau das Gegenteil und präsentierte 1966 mit dem Modell Toronado einen frontangetriebenen Wagen, der mit einem V8-Motor der 7-Liter-Klasse bestückt wurde. Im Rahmen der Modellpflege wurde das Aggregat später sogar auf 7,5 Liter Volumen erweitert.

Modell:	Opel Lutzmann
Hubraum / Zylinder:	1500 ccm/4 Zyl.
PS / kW:	4/2,9
Bauzeit:	1898
Stückzahl:	

Die Basis für das heute weltweit operierende Unternehmen Opel legte Firmengründer Adam Opel, als er 1862 in Handarbeit seine erste Nähmaschine baute. 13 Jahre nach dem Start der Fahrradherstellung (1886) wurde 1899 das erste Automobil, der Opel Patent-Motorwagen System Lutzmann, gefertigt: Nach einigen Informationsreisen erwarben die Opel-Brüder am 21. Januar 1899 die Anhaltische Motorwagenfabrik des Dessauers Friedrich Lutzmann und begannen mit dem Aufbau einer Automobilproduktion in Rüsselsheim. Die ersten von Lutzmann entwickelten Motorwagen entsprachen den frühen Konstruktionen anderer Tüftler und wurden mit einer Drehschemel-Lenkung bestückt. Ein horizontal platzierter Einzylindermotor trieb die Hinterräder über eine Vorgelegewelle und mehrere Flachriemen an – dem Wagenlenker standen zwei Vorwärtsgänge sowie ein Rückwärtsgang zur Verfügung, wobei der Gangwechsel über einen Handhebel an der Lenksäule erfolgte.

Opel Doktorwagen 4/8 PS

Modell:	Opel Doktorwagen 4/8 PS
Hubraum / Zylinder:	1128 ccm/4 Zyl.
PS / kW:	8/5,9
Bauzeit:	1909
Stückzahl:	–

Der endgültige Durchbruch auf dem deutschen Automobilmarkt gelang der Rüsselsheimer Autoschmiede im Jahr 1909, als man den Typ 4/8 PS präsentierte. Dieses legendäre Auto, im Volksmund schon damals „Doktorwagen" genannt, kostete mit 3.950 Reichsmark etwa halb so viel wie luxuriösere Konkurrenzmodelle, und es ebnete vielen Bevölkerungsschichten den Weg zu einem fahrbaren Untersatz. Der Verkaufserfolg dieses Modells – der Statistik nach wurde es gern von Vertretern und Landärzten genutzt – ermöglichte dem Werk weitere Investitionen in die Zukunft, denn als nächsten Schritt plante man in Rüsselsheim die Einführung eines Baukastensystems, bei dem vorgefertigte Karosserien nach Kundenwunsch mit verschiedenen Motoren und Fahrgestellen kombiniert werden konnten.

Opel 4/12 PS

Modell:	Opel 4/12 PS
Hubraum / Zylinder:	951 ccm/4 Zyl.
PS / kW:	12/8,8
Bauzeit:	1924–1925
Stückzahl:	ca. 120 000 (gesamte Serie)

Das erste in Großserie gebaute Automobil deutscher Produktion, der Opel 4/12 PS, rollte 1924 vom Band. Für wohlhabende Automobilbesitzer, die es gewohnt waren, sich chauffieren zu lassen, war dieses Fahrzeug eine Provokation, denn anstatt mit eindrucksvollen Limousinen versuchte Opel, den PKW-Bau nun mit einem Kleinwagen zu revolutionieren, der nicht in Handarbeit, sondern am Fließband hergestellt wurde! Der kleine, im Volksmund wegen seiner grünen Lackierung „Laubfrosch" genannte Wagen sorgte für viel Aufmerksamkeit, und seine Produktionsweise ermöglichte einen erschwinglichen Preis. Die Stückzahlen kletterten bald in ungeahnte Höhen, der Preis rutschte in den Keller, und auch anfängliche Skeptiker nutzten den 4/12 PS bald als Transportmittel.

Opel 1,8 Liter

Modell:	Opel 1,8 Liter
Hubraum / Zylinder:	1790 ccm / 6 Zyl.
PS / kW:	32 / 23,4
Bauzeit:	1931 – 1933
Stückzahl:	ca. 31 500

Die Eingliederung in den General Motors-Konzern bescherte Opel zunächst ein Fahrzeug der 1,8-Liter-Klasse, das in den USA entwickelt, aber nur in Europa gebaut wurde. Die Fachpresse nahm das neue Modell begeistert auf – man profitierte schließlich vom amerikanischen Fortschritt: Bis auf die Chassiskonstruktion verbarg sich unter dem zurückhaltenden Design modernste Technik: Der Sechszylindermotor lief ruhig und geschmeidig, die Lenkung reagierte präzise und das Dreiganggetriebe ließ sich leicht schalten. Die Produktion der 1,8-Liter-Modelle lief im Januar 1931 erfolgreich an und wurde durch die Aufnahme vieler Karosserievarianten permanent ausgebaut. Dank der ständigen Programmerweiterung konnte Opel 1936 bereits 19 000 Mitarbeiter beschäftigen.

Opel Admiral

Modell:	Opel Admiral
Hubraum / Zylinder:	3626 ccm/6 Zyl.
PS / kW:	75/55
Bauzeit:	1938–1939
Stückzahl:	ca. 6500

Rechtzeitig zur Automobil- und Motorradausstellung 1937 in Berlin präsentierte Opel zwei neue Wagen, deren Aufgabe es war, die Marktsegmente der oberen Mittelklasse und der Luxusklasse zu bereichern. Letztere wollte man mit dem Modell Admiral bedienen. In der 3,6-Liter-Klasse angesiedelt, versuchte Opel mit diesem Flaggschiff jene Käuferschicht anzusprechen, die Wert auf hohen Komfort und eine respektable Reisegeschwindigkeit legte. Verschwenderische Platzanordnung, ein groß dimensionierter Kofferraum und eine gediegene Innenausstattung waren nur die optischen Merkmale des Admirals – seine wichtigste Neuerung verbarg sich unter der Motorhaube: Hier arbeitete ein modernes Aggregat mit hängenden Ventilen, die über eine Nockenwelle nebst Stößeln und Kipphebeln betätigt wurden.

Opel Kapitän

Modell:	Opel Kapitän
Hubraum / Zylinder:	2473 ccm/6 Zyl.
PS / kW:	55/40,2
Bauzeit:	1948–1951
Stückzahl:	3043

An die Produktion von Personenwagen war nach dem Zweiten Weltkrieg bei Opel vorerst nicht zu denken. Man hatte das Werk Brandenburg verloren, die Fertigungsanlagen des Modells Kadett wurden als Reparationsleistung nach Osten abtransportiert, und erst 1947 konnte wieder ein PKW (Modell Olympia) die Montagehallen verlassen. 1948 folgte, von wenigen Veränderungen abgesehen, die Neuauflage des Modells Kapitän, der in seiner Urform bereits vor Ausbruch des Zweiten Weltkriegs erschien. 1939 musste die Fertigung nach knapp 25 000 Exemplaren eingestellt werden, doch in der zweiten Auflage (Oktober 1948 bis Februar 1951) konnte die große viertürige Limousine wieder 30 000 Mal verkauft werden.

Opel Diplomat V8

Modell:	Opel Diplomat V8
Hubraum / Zylinder:	5354 ccm/8 Zyl.
PS / kW:	190/139,2
Bauzeit:	1964–1968
Stückzahl:	–

Opels Flaggschiff, der Kapitän, zählte von Anfang an zu den Automobilen, die stets für Bewunderung sorgten – doch das Ende der Fahnenstange war mit diesem Modell längst noch nicht erreicht. In einer Pressemitteilung erklärte man: „Kapitän und Admiral – zwei neue Opel-Wagen der Prominentenklasse. Beide repräsentieren den neuen Stil im Autobau, aber jeder wird den Komfortwünschen verwöhnter Autofahrer auf seine Weise gerecht. Mit der sportlich flachen Bugpartie, den prismenförmigen Scheinwerfern und der rassig abschwingenden Hecklinie sind die Neuen hervorragende Repräsentanten weltmännischer Eleganz".

Opel Rallye Kadett

Modell:	Opel Rallye Kadett
Hubraum / Zylinder:	1897 ccm/4 Zyl.
PS / kW:	90/65,9
Bauzeit:	1967–1973
Stückzahl:	–

Ein leistungsstarker Motor in einer Sport-Version der kompakten Mittelklasse – diese Idee setzte Opel bereits 1967 mit dem Modell Rallye Kadett um. Dieser flotte Wagen basierte auf der Coupé-Variante der ein Jahr zuvor lancierten Kadett-B-Baureihe. Anfangs begnügten sich Opels Ingenieure noch mit einer leistungsgesteigerten 1,1-Liter-Maschine. Ab 1968 stand ein wesentlich erfolgreicheres Modell bei den Händlern – zwischenzeitlich hatte man nämlich das 1,9-Liter-Triebwerk aus dem Opel Rekord in den Rallye Kadett implantiert. Damit mutierte der handliche Wagen zum gefragten Sportgerät, wie zahlreiche Siege im Wettbewerbssport bewiesen: Unter anderem holte sich der Rallye Kadett gleich mehrfach einen Klassensieg bei der Rallye Monte Carlo.

Opel GT

Modell:	Opel GT
Hubraum / Zylinder:	1897 ccm/4 Zyl.
PS / kW:	90/65,9
Bauzeit:	1968–1973
Stückzahl:	103 373

Mit einem Experimentalfahrzeug der ganz besonderen Art überraschte Opel 1965 die Fachpresse und Besucher der Internationalen Frankfurter Automobilausstellung. Hier zeigte man ein vom Opel Kadett abgeleitetes Coupé, das mit einem 1900 ccm großen Vierzylindermotor bestückt wurde. Zwar dementierte das Werk anfangs eine eventuell geplante Serienproduktion, doch wie man weiß, wurde die Studie im Laufe der Zeit immer weiterentwickelt und 1968 unter dem Namen Opel GT auf den Markt gebracht. Die flotte Karosserie, die dem Wagen letztendlich den entscheidenden Pfiff gab, ließ Opel in Frankreich bei Brissoneaux & Lotz fertigen – die Montage des GT erfolgte im Werk Bochum. Obwohl der nur 90 PS starke Motor im krassen Gegensatz zur Optik des Zweisitzers stand, avancierte der GT innerhalb kürzester Zeit zum Verkaufsschlager.

Opel Manta A

Modell:	Opel Manta A
Hubraum / Zylinder:	1196 ccm / 4 Zyl.
PS / kW:	60 / 44
Bauzeit:	1970 – 1975
Stückzahl:	ca. 680 000

Mit dem Manta A feierte 1970 eine der erfolgreichsten Coupé-Familien der europäischen Automobilgeschichte Premiere. Über eine halbe Million Manta-A-Modelle fanden bis 1975 begeisterte Käufer, der Nachfolger (Manta B) schraubte die Zahl sogar deutlich über die Millionengrenze. Die Gründe für diese Beliebtheit waren offensichtlich: Eine perfekt gestylte Karosserie ließ den Manta einerseits wie ein rassiges Sport-Coupé erscheinen. Andererseits überzeugte seine Alltagstauglichkeit: es gab fünf Sitzplätze, einen üppigen Kofferraum, hohen Fahrkomfort und sparsame Motoren. Da sich der Newcomer in keine der üblichen Modellreihen einfügen ließ, entwickelte Opel für diesen Wagen den Begriff Familien-Coupé.

OURS

Frankreich gehört zu den Ländern, die schon frühzeitig von einer industriellen Hochkonjunktur profitierten: Zwischen 1870 und 1910 siedelten sich vor allem rund um Paris viele Unternehmen an, darunter auch jede Menge Automobilhersteller. Von einer Produktion im heutigen Sinne konnte natürlich noch keine Rede sein. Es wurde viel experimentiert. Einige schafften den Aufstieg, andere Tüftler hängten den Fahrzeugbau schnell wieder an den Nagel. Unter anderem zählte die Firma Ours zu den Verlierern. Sie baute nur für kurze Zeit einige Dreizylinder- und Vierzylinder-Wagen, die vor allem durch den kreisrunden Kühlergrill auffielen. Während die größeren Modelle oft als Taxis genutzt wurden, handelte es sich bei den Dreizylindern um leichte Voituretten mit überwiegend offenen Karosserieaufbauten.

Modell:	Ours 10/12 PS
Hubraum / Zylinder:	1495 ccm / 3 Zyl.
PS / kW:	12 / 8,8
Bauzeit:	1906–1909
Stückzahl:	–

Packard

Modell:	Packard Serie 23 Custom Eight
Hubraum / Zylinder:	5834 ccm / 8 Zyl.
PS / kW:	165 / 120,8
Bauzeit:	1949 – 1959
Stückzahl:	60

Die 1899 von dem Amerikaner James Packard in Warren/Ohio gegründete Automobilfabrik fing zunächst wie viele andere Hersteller auch mit dem Bau einzylindriger Wagen an. Bald folgten Luxuswagen, die den Vergleich mit einem Cadillac oder Rolls-Royce nicht zu scheuen brauchten. 1949 war das letzte Jahr, in dem Packard seine angestammte Rolle als Hersteller von Luxuswagen halten konnte. Da der Jahrgang 1949 gleichzeitig mit dem 50sten Firmenjubiläum zusammenfiel, stellte Packard von dem Baumuster der Serie 23 ein Jubiläumsmodell auf die Räder. Dieser 150 km/h schnelle Wagen, der auf einem Unterbau mit 3220 mm Radstand basierte, erhielt jede Menge interessanter Extras, unter anderem elektrische Fensterheber und ein elektrisch zu betätigendes Verdeck. Auf der Suche nach einer gesünderen finanziellen Basis für das Unternehmen schloss sich Packard 1955 mit der Marke Studebaker zusammen, doch nur drei Jahre später musste das Duo den Automobilbau aufgeben.

Panhard & Levassor

Modell:	Panhard & Levassor Dynamic
Hubraum / Zylinder:	3813 ccm / 6 Zyl.
PS / kW:	70 / 51,2
Bauzeit:	1936 – 1939
Stückzahl:	–

Die beiden Franzosen René Panhard und Emile Levassor gründeten 1890 vor den Toren von Paris ihre Automobilfabrik, in der zuerst ein nach Daimler-Patenten gebauter Motorwagen in Lizenz entstand. In den 20er und 30er Jahren brachte das Duo zahlreiche innovative Eigenkonstruktionen auf den Markt. Nach dem Zweiten Weltkrieg knüpfte die Firma wieder an den Automobilbau an – diese Fahrzeuge wurden nur mehr unter dem Markennamen Panhard verkauft. Obwohl Panhard bereits 1955 von Citroën übernommen wurde, führte man die Marke noch bis 1967 fort. Zu den bedeutendsten Modellen der Firmengeschichte zählt unter anderem der große Typ Dynamic mit Schiebermotor. Während viele Automobilhersteller nach einigen Gehversuchen auf den Einsatz so genannter Schiebermotoren verzichteten, blieb Panhard diesem in Amerika entwickelten Konzept bis in die späten 30er Jahre hinein treu. Der größte Vorteil dieser ventillosen Konstruktion lag zweifelsohne in ihrer Laufruhe, der allerdings ein enorm hoher fertigungstechnischer Aufwand gegenüber stand.

Panhard Dyna 120

Modell:	Panhard Dyna 120
Hubraum / Zylinder:	745 ccm / 2 Zyl.
PS / kW:	31 / 22,7
Bauzeit:	1950 – 1952
Stückzahl:	ca. 55 000

Stellte der französische Automobilbauer Panhard & Levassor vor dem Zweiten Weltkrieg meist ausgefallene und luxuriöse Fahrzeuge wie den legendären Panhard Dynamic mit Schiebermotor auf die Räder, so änderte man in der Nachkriegszeit die Strategie und wandte sich der Kleinwagensparte zu. Mit dem Panhard Dyna entstand unter der Regie des Konstrukteurs J. A. Grégoire – ein Experte in Sachen Frontantrieb – ein Kleinwagenkonzept, das sich in einigen Punkten von den bekannten konventionellen Konstruktionen der Mitbewerber unterschied: Der Dyna wurde nämlich, trotz bescheidener Abmessungen (Radstand 2120 mm; Gesamtlänge 3580 bis 3820 mm), von vornherein als Viertürer ausgelegt – zumindest in der Form als Limousine.

PEUGEOT

Modell:	Peugeot
Hubraum / Zylinder:	1018 ccm/2 Zyl.
PS / kW:	3,5/2,6
Bauzeit:	1892
Stückzahl:	–

1890 startete der Franzose Armand Peugeot das Automobilgeschäft der „Löwenmarke". Da das elterliche Stammunternehmen die neue Technik äußerst misstrauisch beäugte, fand eine Abspaltung vom bereits bestehenden Firmenteil statt, aber der Löwe als Markenzeichen blieb nach wie vor das Symbol aller Sparten. Vom ersten einfachen Quadricycle mit Daimler-Gasolinmotor bis hin zur Gegenwart hat Peugeot als prägende Marke der Automobilgeschichte unablässig die technische und industrielle Entwicklung vorangetrieben, angefangen mit einigen Fahrzeugen pro Jahr. Die ersten 1000 Motorwagen wurden in Valentigney (bei Lille in Nordfrankreich) sowie Audincourt und Beaulieu (Ostfrankreich) von 1889 bis Mitte 1900 hergestellt.

Peugeot 402 Eclipse

Modell:	Peugeot 402 Eclipse
Hubraum / Zylinder:	1991 ccm / 4 Zyl.
PS / kW:	55 / 40,3
Bauzeit:	1937 – 1939
Stückzahl:	–

Schon 1925 lief im Stammwerk Sochaux der 100 000ste Peugeot vom Band. 1931 erhielten Peugeot-Wagen als erste Serienwagen der Welt die so genannte Einzelradaufhängung, und ein paar Jahre später sorgte die Marke mit dem Löwensymbol wieder für Gesprächsstoff: Mit dem Typ 402 stellte man ein avantgardistisches Fahrzeug auf die Räder, das allein schon durch die Platzierung der Scheinwerfer hinter (!) der Kühlermaske auffiel. Eine unter dem Namen „Eclipse" auf den Markt gebrachte Ausführung war ihrer Zeit noch weiter voraus: Das faltbare Blechdach dieses Coupé-Cabriolets konnte (auf Wunsch elektrisch) komplett in den Kofferraum abgesenkt werden – eine raffinierte Technik, die den Wagen innerhalb weniger Augenblicke in ein vollkommen offenes Gefährt verwandelte.

Peugeot 403

Modell:	Peugeot 403
Hubraum / Zylinder:	1468 ccm/4 Zyl.
PS / kW:	58/42,5
Bauzeit:	1956–1966
Stückzahl:	1 214 130

Mit dem 403 präsentierte Peugeot 1955 auf dem Turiner Automobilsalon einen perfekten Mittelklassewagen, der elf Jahre die Modellpalette bereicherte. Als er erschien, gab es fünf Jahre lang als Alternative noch den etwas kleineren 203 und ab 1960 sogar schon den modernisierten Typ 404. Diese Vielfalt tat dem Erfolg des 403 keinen Abbruch – er war Frankreichs zeitgemäßes Mittelklassefahrzeug und wurde allen Ansprüchen gerecht. Als viertüriger Familienwagen bot er fünf Personen reichlich Platz. Der Komfort wurde vor allem durch die vorderen Einzelsitze unterstrichen, die aber so eng zusammenlagen, dass man dort bei Bedarf wie auf einer durchgehenden Sitzbank auch drei Personen unterbringen konnte.

Peugeot 404 Cabriolet

Modell:	Peugeot 404 Cabriolet
Hubraum / Zylinder:	1618 ccm / 4 Zyl.
PS / kW:	72 / 52,7
Bauzeit:	1961 – 1966
Stückzahl:	10 380

Mit der Markteinführung des Peugeot 404 im Jahre 1960 – zuerst als viertürige Limousine – war die Zeit für den inzwischen leicht betagten, aber immer noch gebauten Peugeot 403 längst noch nicht abgelaufen. Das Werk positionierte den neuen 404 ebenfalls in der Mittelklasse, aber nicht als hauseigenen Konkurrenten. Die Karosserielinie des 404 war nämlich wesentlich moderner gezeichnet. Hier gaben nicht gerundete Kanten, sondern trapezförmige Stilelemente den Ton an. Technisch von der Limousine abgeleitet, aber mit einem noch eigenständigeren Design versehen, präsentierte man im Oktober 1961 auf dem Pariser Salon die zweitürige Cabrio-Ausgabe des 404. Das Cabrio wurde serienmäßig mit einem 1,5-Liter-Vergasermotor bestückt, war auf Wunsch aber auch mit einem 1,6-Liter-Einspritzmotor zu haben.

Piccolo

Modell:	Piccolo
Hubraum / Zylinder:	704 ccm/2 Zyl.
PS / kW:	5/3,7
Bauzeit:	1909
Stückzahl:	–

Hugo Ruppe, Juniorchef der 1854 im thüringischen Apolda gegründeten Eisengießerei A. Ruppe & Sohn, konstruierte 1904 einen Motorwagen mit luftgekühltem Zweizylindermotor, der unter dem Markennamen und der Modellbezeichnung Piccolo auf den Markt gebracht wurde. Dem Erfolg des Wägelchens angemessen, forcierte man den Automobilbau und entwickelte für 1910 als eine Art Einstiegsmodell den noch sparsamer ausgestatteten Piccolo Mobbel, der damals als eines der simpelsten Automobile überhaupt galt. Neben den Voituretten wurden in Apolda noch verschiedene Vierzylindermodelle gefertigt, deren besonderes Konstruktionsmerkmal ebenfalls der luftgekühlte Motor war. Als die gut florierende Firma 1908 in eine Aktiengesellschaft umgewandelt wurde, beschäftigte man bereits über 600 Mitarbeiter.

Pierce Arrow

Modell:	Pierce Arrow
Hubraum / Zylinder:	8577 ccm/6 Zyl.
PS / kW:	75/55,2
Bauzeit:	1919
Stückzahl:	–

Im amerikanischen Buffalo wurden von 1901 bis 1938 die berühmten Pierce Arrow-Automobile auf die Räder gestellt. Um die Sportlichkeit ihrer Automobile zu unterstreichen, ergänzten die Firmengründer George N. und Percy Pierce ihr Markenzeichen 1909 durch den Zusatznamen Arrow. Vielleicht wollte man auf diese Weise einen Schlussstrich unter die bisherige Firmengeschichte ziehen, denn neben Fahrrädern und Haushaltsgeräten fertigte man lediglich Kleinwagen, die mit dem legendären Einbaumotor der französischen Firma De Dion Bouton bestückt wurden. Vater und Sohn setzten sich nämlich zum Ziel, eine neue Modellpalette auf dem Luxuswagenmarkt zu etablieren. Ab 1913 gaben sie ihren Wagen übrigens ein unverwechselbares Stilelement mit auf den Weg, indem sie als weltweit erster Automobilbauer die Scheinwerfer direkt in die Kotflügel integrierten.

PLYMOUTH

Modell:	Plymouth P 12
Hubraum / Zylinder:	3299 ccm/6 Zyl.
PS / kW:	87/63,7
Bauzeit:	1941–1942
Stückzahl:	10 545

1928 wurde in Detroit vom amerikanischen Chrysler-Konzern die Automobilmarke Plymouth initiiert. Man versprach sich, mit dieser Marke leichter gegen die Mitbewerber Ford und Chevrolet antreten zu können – 2001 wurde die Produktion von Plymouth-Wagen eingestellt. 1939 stellte Plymouth ein Luxuscabriolet auf die Räder, das als Besonderheit mit einem elektrisch zu betätigenden Verdeck ausgestattet wurde. Eine von diesem Wagen abgeleitete Version, der P 12, blieb noch bis 1942 im Programm. Die vielen Annehmlichkeiten, die es bereits in der Standardversion gab, schlugen sich natürlich auf den Preis nieder – wer mit einem P 12 liebäugelte, musste mindestens 970 Dollar auf den Tisch legen.

Pontiac

Modell:	Pontiac Chieftain
Hubraum / Zylinder:	4278 ccm/6 Zyl.
PS / kW:	147/107,7
Bauzeit:	1956–1958
Stückzahl:	–

Die noch existierende amerikanische Automobilmarke Pontiac wurde 1926 gegründet. Sie ist in den General Motors-Konzern integriert und wurde nach der Stadt (Pontiac) benannt, in der man die ersten Pontiac-Wagen gebaut hatte. Nach einem kurzen Produktionsstopp während der Kriegsjahre nahm Pontiac bereits Ende 1945 wieder den Automobilbau auf. Grundlage für die Motorisierung einer neuen Fahrzeuggeneration bildete ein V8-Aggregat, das im Laufe der Jahre zu immer mehr Leistung gebracht wurde. In den späten 50er Jahren, kurz vor der Ära der riesigen Heckflossen, entstand im kanadischen Montagewerk mit dem Modell Laurentian ein Wagen, der keinem dieser Trends folgte. Unter seiner Haube arbeitete nur ein Sechszylinder, denn Pontiac wollte versuchen, dieses Modell als Exportfahrzeug auf dem internationalen Markt zu etablieren.

Porsche

Modell:	Porsche 356
Hubraum / Zylinder:	1131 ccm/4 Zyl.
PS / kW:	40/29,3
Bauzeit:	1948
Stückzahl:	Einzelstück

Porsche-Konstruktionen haben seit nunmehr 100 Jahren Technikgeschichte geschrieben, aber das erste Automobil mit dem Markennamen Porsche wurde erst am 8. Juni 1948 als Porsche 356 von der Kärntner Landesregierung technisch abgenommen. Dessen geistiger Vater war der am 27. März 1998 im Alter von 88 Jahren verstorbene Professor Ferdinand „Ferry" Porsche. In seiner während des Kriegs von Stuttgart-Zuffenhausen nach Gmünd im österreichischen Kärnten verlagerten Firma hatte Ferry Porsche 1947 mit bewährten Mitarbeitern begonnen, auf der Basis des von seinem Vater entwickelten Volkswagen-Käfers „einen Sportwagen zu bauen, wie er mir selbst gefiel".

Porsche 356 Carrera 1600

Modell:	Porsche 356 Carrera 1600
Hubraum / Zylinder:	1588 ccm / 4 Zyl.
PS / kW:	115 / 84,2
Bauzeit:	1959 – 1963
Stückzahl:	76 302

Um den Typ 356 erfolgreich in Serie bauen zu können, war es für Porsche unabdinglich, die Produktion von Gmünd aus in geeignetere Räumlichkeiten zu verlagern. Zwar war seine Fabrikanlage in Stuttgart zu Kriegszeiten von den Amerikanern übernommen worden, doch die versprachen ihm, die Hallen bis zum 1. September 1950 zu räumen. Obwohl die Zeit knapp war, gelang es Porsche, vorerst eine Zwischenlösung zu finden. Die Karosseriebaufirma Reutter, bei der die Aufbauten gefertigt werden sollten, stellte Porsche 500 Quadratmeter zur Verfügung, für die er monatlich eine Miete in Höhe von 500 Mark zu zahlen hatte. Porsches Villa, seine Garage und eine Scheunenanlage mussten ebenfalls als provisorische Fabrikanlage herhalten – nur so konnte der erste in Deutschland montierte 356 auf die Räder gestellt werden.

Porsche 911

Wenn es um den beliebtesten oder auch typischsten aller Sportwagen geht, wird fast immer der Porsche 911 an erster Stelle genannt. Die Aussage ist mustergültig bei Umfragen von Fachmagazinen ebenso wie bei Debatten vom Schulhof bis zur Rennstrecke – nicht nur in Deutschland, sondern in vielen Ländern der Welt. 1963 stellte Porsche den 911 auf der Internationalen Automobilausstellung in Frankfurt zum ersten Mal der Öffentlichkeit vor. Oder, um korrekt zu sein, den Typ 901. Ein Jahr

Modell:	Porsche 911
Hubraum / Zylinder:	1991 ccm / 6 Zyl.
PS / kW:	140 / 102,6
Bauzeit:	1964 – 1969
Stückzahl:	–

später erhob jedoch Peugeot Einspruch und pochte auf sein verbrieftes Recht, dreistellige Automobil-Kennziffern mit einer Null in der Mitte exklusiv verwenden zu dürfen. Porsche lenkte ein, zum Beginn der Serienproduktion trug der neue Sportwagen die Typenbezeichnung 911.

Porsche 911 Carrera

Modell:	Porsche 911 Carrera
Hubraum / Zylinder:	2687 ccm/6 Zyl.
PS / kW:	200/146,5
Bauzeit:	1973–1977
Stückzahl:	–

Für Porsche-Fans war es interessant, die im Rahmen der Modellpflege vorgenommene Hubraumerweiterung zu verfolgen: Sie wuchs in der ersten Generation des 911 von 2,0 auf 2,2 bis hin zu 2,4 Liter. In diesem Zusammenhang tauchte auch bald die ergänzende Modellbezeichnung Carrera auf – erstmals 1972: Porsche präsentierte mit der Version Carrera RS 2.7 eine Art Basismodell, das sich hervorragend für den sportlichen Einsatz eignete. Der Begriff stammt übrigens von der legendären Carrera Panamericana, einem spektakulären Straßenrennen, das in den 50er Jahren in Mexiko ausgetragen wurde und dem Hause Porsche schon damals regelmäßig große Sporterfolge brachte.

Porsche 911 Turbo

Modell:	Porsche 911 Turbo
Hubraum / Zylinder:	2993 ccm/6 Zyl.
PS / kW:	260/190,5
Bauzeit:	1975–1989
Stückzahl:	–

Für den ersten Porsche 911 legte Firmenchef Professor Ferry Porsche die Vorgaben fest. Dabei wusste er noch nicht, dass sich dieses Konzept auf drei Liter Hubraum und mehr vergrößern ließ. 1974 – während der Energiekrise! – debütierte plötzlich der 911 Turbo 3.0! Der aufgeladene Motor dieses Porsche gab bei 5500 U/min die unvorstellbar hohe Leistung von 260 PS ab. Hier waren eindeutig im Rennsport gewonnene Erkenntnisse eingeflossen; denn in diesem Metier hatte Porsche zwischenzeitlich viele Erfahrungen gesammelt. 1972 beherrschten die über 1000 PS starken Rennsportwagen des Typs 917 die amerikanische Can-Am-Serie – der Porsche 911 Turbo profitierte von dieser Entwicklung, denn er war nun der erste Straßensportwagen, dessen Leistung mit Hilfe eines Abgasturboladers gesteigert wurde.

Renault

Modell:	Renault Typ T
Hubraum / Zylinder:	1885 ccm/2 Zyl.
PS / kW:	14/10,3
Bauzeit:	1909
Stückzahl:	–

1898, als der der Franzose Louis Renault seine Automobilbaufirma gründete, konnte noch niemand ahnen, dass hier der Grundstein für einen bald weltweit agierenden Konzern gelegt wurde. Seinen ersten Motorwagen brachte Renault übrigens am Heiligabend 1898 zum Laufen – das simple Gefährt sorgte für reichlich Aufmerksamkeit, denn es war nichts andere als ein zur vierrädrigen Voiturette umgebautes Dreirad der Marke De Dion Bouton. Permanent verbessert und weiterentwickelt, verwandelte Renault das Tricycle schnell zu einem für die Zeit typischen Automobil, das unter der Bezeichnung Typ A ein Jahr später in Serie gebaut wurde. Mit dem Typ T debütierte 1903 schließlich der erste Renault, der nicht mehr mit dem Motor eines Fremdherstellers, sondern mit einer Eigenkonstruktion bestückt wurde.

Renault 6 CV Typ KJ

1922 präsentierte Renault mit dem Typ 6 CV einen Wagen, der durch eine sensationelle Werbekampagne für viel Aufmerksamkeit sorgte. 203 Tage lang wurde so ein Modell 16 000 Kilometer auf der Rennstrecke von Miramas bewegt, um bei einer Durchschnittsgeschwindigkeit von 79 km/h seine Zähigkeit und Ausdauer zu beweisen. Grund des Marathons war Renaults neuartige Motorkonstruktion mit abnehmbarem Zylinderkopf. Außerdem stattete man den 6 CV als erstes Modell der Marke mit Vierradbremsen aus. Mit ähnlich großem Aufwand organisierte Renault in Folge diverse Afrikadurchquerungen und rührte weiterhin fleißig die Werbetrommel. Mit Erfolg: Die Jahresproduktion stieg regelmäßig an und lag Ende der 20er Jahre bereits bei 40 000 Einheiten pro Jahr.

Modell:	Renault 6 CV Typ KJ
Hubraum / Zylinder:	951 ccm / 4 Zyl.
PS / kW:	16 / 11,7
Bauzeit:	1922–1927
Stückzahl:	–

Renault Nervastella

Modell:	Renault Nervastella
Hubraum / Zylinder:	4240 ccm / 8 Zyl.
PS / kW:	110 / 80,5
Bauzeit:	1933–1936
Stückzahl:	–

Renault legte von Anfang an Wert darauf, seinen Kunden stets eine mehr als reichhaltige Modellpalette bieten zu können. Es war für ihn selbstverständlich, neben preisgünstigen Vierzylindern auch Luxuswagen für die Highsociety zu bauen – damit verfolgte er im Gegensatz zu Henry Ford, insbesondere aber zu seinem Konkurrenten André Citroën, eine vollkommen andere Modellpolitik. Die achtzylindrigen Prestigewagen Nervastella und Viva Grand Sport rundeten in den 30er Jahren das Angebot nach oben ab – wer sich diese Modelle leisten konnte, besaß einen Wagen, dem bei den damals beliebten Schönheitswettbewerben ein vorderer Platz so gut wie sicher war. Im Kontrast zu diesem Luxus stand am anderen Ende der Modellpalette der Juvaquatre – ein modernes Massenprodukt mit selbsttragender Karosserie.

Renault 4 CV

Modell:	Renault 4 CV
Hubraum / Zylinder:	760 ccm/4 Zyl.
PS / kW:	18/13,3
Bauzeit:	1947–1961
Stückzahl:	1105000

Eine Vorkriegskonstruktion weiterzubauen, wie es viele Automobilhersteller nach Ende des Zweiten Weltkriegs taten, kam für Renault auf der Suche nach einem neuen Modell nicht in Frage. Man holte stattdessen einen Prototyp aus der Versenkung, der schon 1940 auf die Räder gestellt wurde. Dem ursprünglich zweitürigen Versuchsträger mit Aluminiumkarosserie stellte man noch eine Alternative mit Stahlaufbau und eleganterer Linienführung gegenüber. Zur Serienreife entwickelt, avancierte der kleine Viertürer mit der Modellbezeichnung Renault 4 CV zum Star des Pariser Automobilsalons 1947. Renault erklärte: „300 Exemplare sollen pro Tag gefertigt werden und kein Stück weniger …". Anders interpretiert hieß das, dass hier von einem Massenprodukt geredet wurde.

Renault Floride

Modell:	Renault Floride
Hubraum / Zylinder:	845 ccm/4 Zyl.
PS / kW:	35/25,5
Bauzeit:	1959–1968
Stückzahl:	–

Auf der gleichen technischen Basis aufbauend wie die Dauphine, präsentierte Renault 1959 die elegante Floride. Anders als ihr viertüriges Gegenstück mit rundlicher Linienführung, zeigte sich die Floride (Radstand ebenfalls 2270 mm) als flotter Zweitürer. Pietro Frua, einer der namhaften italienischen Karosseriebauer, hatte diesmal das Design entworfen – hergestellt wurde der zweitürige Coupé-Aufbau allerdings bei der französischen Firma Chausson. Das zweisitzige Coupé besaß zwar eine hintere Notsitzbank, doch dieses dürftige Platzangebot ließ sich besser als zusätzliche Gepäckablage nutzen. Lufteinlässe im Bereich der hinteren Kotflügel signalisierten dem Kenner, dass das neue Modell ebenfalls von einem Heckmotor angetrieben wurde.

Riley

William Riley und seine vier Söhne gründeten 1898 im britischen Coventry eine Automobilfabrik, um von Anfang an besonders fortschrittliche Fahrzeuge auf die Räder zu stellen. Diese frühen Modelle waren der Zeit weit voraus, denn an einem Riley konnte man als Besonderheit die Räder abnehmen. 1927 debütierte der berühmte Riley Nine-Motor mit zwei obenliegenden Nockenwellen, schräg gestellten Ventilen und einem halbkugelförmigen Brennraum. Dieser Motor war für die damalige Zeit revolutionär und wurde vom Konzept her bis Mitte der 50er Jahre beibehalten. 1938 wurde die Marke Riley von der Morris-Gruppe übernommen. Durch die Fusion von Morris mit Austin im Jahre 1952 wurde Riley Bestandteil der neu gegründeten British Motor Corporation (BMC). 1970 stellte die BMC den Bau von Riley-Wagen ein.

Modell:	Riley Nine
Hubraum / Zylinder:	1087 ccm/4 Zyl.
PS / kW:	32/23,4
Bauzeit:	1927–1938
Stückzahl:	–

Riley 1.5 Litre

Modell:	Riley 1.5 Litre
Hubraum / Zylinder:	1496 ccm/4 Zyl.
PS / kW:	48/35
Bauzeit:	1938 – 1939
Stückzahl:	–

Schon vor dem Ersten Weltkrieg gelang es Riley, im Wettbewerbssport viele Spitzenpositionen zu belegen, was dazu beitrug, auf dem Markt bekannt und erfolgreich zu werden. Dieser Trend hielt in den 20er und 30er Jahren an und gab Riley Mut, permanent die Modellpalette zu erweitern. Neben den Enthusiasten, die extrem sportliche Fahrzeuge wünschten, bediente man aber auch die mehr auf Understatement eingestellte Kundschaft. Für sie hielten die Händler grandiose Limousinen und elegante Cabriolets bereit – zumindest bis 1938. In jenem Jahr wurde Riley in die Morris-Gruppe integriert, was eine Straffung der Modellpalette zur Folge hatte. Nach dem Zweiten Weltkrieg führte Riley die Markentradition zwar fort, doch um neue Modelle entwickeln zu können, musste zunächst der Devisen bringende Exportmarkt forciert werden.

Modell:	Röhr 8 Typ R 9/50 PS
Hubraum / Zylinder:	2246 ccm / 8 Zyl.
PS / kW:	50/36,6
Bauzeit:	1928 – 1933
Stückzahl:	ca. 1000

1926 gründete der Automobilkonstrukteur Hans Gustav Röhr in Ober-Ramstadt die Röhr Auto AG, jenes Unternehmen, in dem ein Jahr später das erste deutsche Auto mit Einzelradaufhängung, Zahnstangenlenkung und Tiefbettkastenrahmen entstand. Bei der Konstruktion des Wagens kamen Erfahrungen aus dem Flugzeugbau zur Anwendung, insbesondere die Technik der Leichtbauweise – der Wagen wog nur knapp eine Tonne. Sein Debüt hatte der Röhr 8 – laut Herstellerwerbung als „sicherster Wagen der Welt" bezeichnet – auf der Berliner Automobilausstellung. In der Folgezeit sorgten Röhr-Wagen auch auf den Salons in Paris, Amsterdam und Genf für Gesprächsstoff, bis die Weltwirtschaftskrise 1930 dem Unternehmer Röhr eine finanzielle Bruchlandung bescherte.

Rolls-Royce

Modell:	Rolls-Royce
Hubraum / Zylinder:	1800 ccm/2 Zyl.
PS / kW:	10/7,4
Bauzeit:	1904
Stückzahl:	–

Henry Royce, der 1884 eine Firma für Elektrotechnik gründete, war nicht nur ein einflussreicher Geschäftsmann, sondern auch ein Tüftler, der sich am liebsten mit der noch jungen Automobiltechnik befasste. Charles Stewart Rolls, der im Raum London Luxusautomobile vermittelte, wurde auf Royce aufmerksam und man einigte sich, ab 1904 unter dem Markennamen Rolls-Royce eine Automobilproduktion aufzunehmen. Im Zuge ständiger Weiterentwicklungen basierte die Modellpalette auf den Typen 10 HP mit zwei Zylindern, dem 15 HP mit drei Zylindern, einem 20 HP mit vier Zylindern und dem sechszylindrigen Nobelwagen 30 HP. Schon damals zierte von der Optik her jeden Wagen ein Kühler, dessen klassisches Design noch heute für Rolls-Royce mustergültig ist! Mit Liebe zum Detail, sorgfältigster Verarbeitung und solider Konstruktion setzte diese Marke gleich zu Beginn des Automobilbaus einen Standard, der noch immer als vorbildlich gilt.

Rolls-Royce Silver Ghost

Modell:	Rolls-Royce Silver Ghost
Hubraum / Zylinder:	7036 ccm / 6 Zyl.
PS / kW:	ca. 48 / 35,3
Bauzeit:	1906–1924
Stückzahl:	–

Der 1906 entwickelte Silver Ghost, ein imposanter Wagen mit seitengesteuertem Motor, bildete für Rolls-Royce eine Art Basisprodukt, das bis 1924 ununterbrochen gebaut wurde. Unter der Haube dieses Wagens, die meist aus blank polierten Blechteilen bestand, präsentierte sich eine aufwändige Technik, die zu jener Zeit keinen Vergleich zu scheuen brauchte. Mit seiner siebenfach gelagerten Kurbelwelle erreichte der Rolls-Royce-Motor (Reihenmotor mit zwei Zylinderblöcken) eine Laufruhe, die ihresgleichen suchte. Dass fast kein Silver Ghost dem anderen glich, lag an der Tatsache, dass viele Käufer lediglich ein Chassis (wahlweise mit kurzem oder langem Radstand) orderten – der Aufbau wurde nach individuellen Wünschen von Karosseriebauexperten gefertigt.

Rolls-Royce Phantom II

Modell:	Rolls-Royce Phantom II
Hubraum / Zylinder:	7668 ccm/6 Zyl.
PS / kW:	keine Leistungsangaben
Bauzeit:	1929–1936
Stückzahl:	1402

Die beeindruckenden Phantom II-Modelle zählten zu den letzten Sechszylinder-Wagen der Marke, deren Entwicklung von Anfang an durch F. Henry Royce überwacht wurde. Er überprüfte jeden Entwurf und jede Idee bis ins letzte Detail, bevor er Entscheidungen zustimmte. Mit dem Silver Ghost verglichen, entwickelte Rolls-Royce zum Ausklang der 20er Jahre hier ein vollkommen modernes Design, das aber in Verbindung mit fortschrittlichen Fertigungstechniken die Tradition und den Anspruch der Nobelmarke fortführte. Als die ersten Wagen 1929 vorgestellt wurden, fiel den Testern sofort auf, dass Motor und Getriebe nun zu einer Einheit verblockt waren. Auch das ursprünglich vom Silver Ghost geerbte Fahrgestell musste einer Neukonstruktion weichen – nur so ließ sich der Fahrkomfort steigern.

Rolls-Royce Silver Wraith

Modell:	Rolls-Royce Silver Wraith
Hubraum / Zylinder:	4257 ccm/6 Zyl.
PS / kW:	keine Leistungsangaben
Bauzeit:	1949–1955
Stückzahl:	1883

Während sich viele Automobilbauer nach Ende des Zweiten des Weltkriegs dem Fortschritt beugten und verstärkt ihre Fahrzeuge nach dem Prinzip der selbsttragenden Karosserie auf die Räder stellten, blieb Rolls-Royce weiterhin dem konventionellen Verfahren treu: Der 1946 präsentierte Typ Silver Wraith basierte nach wie vor auf einem wuchtigen Fahrgestell, denn nur so ließen sich Karosserieaufbauten nach Kundenwunsch realisieren. Rolls-Royce fertigte das Chassis mit hinterer Starrachse und unabhängiger vorderer Radaufhängung in zwei Größen, wobei standardmäßig ein Radstand von 3220 mm genutzt wurde. Ab 1951 kam zusätzlich eine Alternative mit 3370 mm Radstand auf den Markt – auf ihr entstand etwa ein Drittel aller Silver Wraith-Modelle.

Rolls-Royce Phantom IV

Modell:	Rolls-Royce Phantom IV
Hubraum / Zylinder:	5675 ccm / 8 Zyl.
PS / kW:	keine Leistungsangaben
Bauzeit:	1950 – 1956
Stückzahl:	18

Nur für Königshäuser und Staatsoberhäupter – aber nicht für Privatfahrer! – war der Phantom IV gedacht. Seiner Exklusivität angemessen, bestückte Rolls-Royce dieses Modell mit einem Achtzylindermotor (Reihenbauweise) und stufte das Getriebe so ab, dass der Phantom IV für Paradezwecke problemlos in Schrittgeschwindigkeit bewegt werden konnte. Auf dem Fahrgestell (3680 mm Radstand) ließen sich natürlich großzügig bemessene Karosserieaufbauten realisieren. Bis auf eine Ausnahme wurden die Karosserien bei Hooper und H. J. Mulliner gefertigt – in aufwändiger Handarbeit! Obwohl Rolls-Royce den Phantom IV nur 18 Mal baute, ging auch dieser Kleinserie ein Prototyp voraus, der nach Abschluss aller notwendigen Tests verschrottet wurde.

Rosengart

Modell:	Rosengart LR 2
Hubraum / Zylinder:	750 ccm / 4 Zyl.
PS / kW:	11 / 8
Bauzeit:	1927 – 1930
Stückzahl:	ca. 6000

Der Franzose Lucien Rosengart arbeitete lange Zeit für Citroën und Peugeot, bevor er 1928 seine eigene Automobilfabrik gründete. Vor den Toren von Paris fertigte er zunächst die französische Lizenzausgabe des britischen Austin Seven – doch von der Idee, jährlich 60 000 Einheiten aufzulegen, war Rosengart weit entfernt, die Jahresproduktion des hier Rosengart LR 2 genannten Wagen betrug etwa nur ein Zehntel. In den 30er Jahren brachte er ein frontangetriebenes Fahrzeug auf den Markt, das technisch wie optisch sehr dem Adler Trumpf Junior ähnelte. Nach dem Zweiten Weltkrieg versuchte sich Rosengart weiterhin im Automobilbau. Es entstanden diverse Kleinwagen mit Zweizylinder-Boxermotor. Da sich diese Modelle schlecht absetzen ließen, stellte Rosengart 1955 den Automobilbau ein.

ROVER

Modell:	Rover 8 HP
Hubraum / Zylinder:	1327 ccm / 1 Zyl.
PS / kW:	8 / 5,9
Bauzeit:	1904 – 1912
Stückzahl:	ca. 2200

Die von John Starley und William Sutton in Coventry gegründete Firma Rover konnte bereits auf 20 Jahre Firmengeschichte (Fahrradproduktion) zurückblicken, bevor sie 1904 ihr erstes Automobil präsentierte. Starley, der 1901 verstarb, erlebte den Produktionsbeginn nicht mehr, doch es war in seinem Sinne, dass Rover zur Motorisierung Großbritanniens beitragen wollte. Um im Automobilbau Fuß fassen zu können, stellte Rover 1903 einen ehemaligen Chefingenieur der britischen Daimler Company als Entwicklungsleiter ein: Edmund Lewis war für Rover kein Unbekannter – immerhin hatte er nebenbei für seinen neuen Arbeitgeber schon das erste Rover-Motorrad konstruiert. Der erste Rover, der 8 HP anno 1904, besaß übrigens einen Zentralträgerrahmen aus Aluminiumguss, und auch für den Karosserieaufbau wurden Leichtmetallgussteile verwendet.

Rover 8 HP

Modell:	Rover 8 HP
Hubraum / Zylinder:	998 ccm / 2 Zyl.
PS / kW:	14 / 10,2
Bauzeit:	1920 – 1924
Stückzahl:	–

Schon 1919 erwarb Rover die Produktionsrechte für einen Kleinwagen, den Jack Sangster vom Motorradhersteller Ariel entwickelt hatte. Die Konstruktion, die Rover unter dem Kürzel 8 HP auf den Markt brachte, wurde übrigens im neu errichteten Werk Tyseley bei Birmingham gefertigt. Der Rover 8 verfügte über einen luftgekühlten Zweizylinder-Boxermotor, der von anderen Herstellern auch zum Antrieb von Motorrädern oder den damals modernen, leichten Cyclecars genutzt wurde. Trotz spartanischer Ausstattung (keine serienmäßige Beleuchtung) ließ sich der solide und robust gebaute 8 HP zum Preis von etwa 145 britischen Pfund gut verkaufen. Zumindest bis 1922 – da debütierte der mit einem Vierzylinder bestückte Austin Seven und lief dem Rover den Rang ab.

Rover 90

Modell:	Rover 90
Hubraum / Zylinder:	2638 ccm / 6 Zyl.
PS / kW:	93 / 68,1
Bauzeit:	1955 – 1959
Stückzahl:	130 000

Die Rover der Baureihe P4 waren alles andere als Automobile für Modefans – sie sprachen mehr den typisch britischen Gentleman an, der ein unaufdringliches, aber dennoch interessantes Fahrzeug fahren wollte. Die bequeme viertürige Limousine musste sich regelmäßiger Modellpflege unterziehen und wurde in relativ kurzen Intervallen immer wieder durch verbesserte Nachfolger ersetzt. Neben dem zuerst lancierten Typ 75 gab es bald eine Sparausgabe mit Vierzylindermotor (Rover 60), und ein Sechszylinder der 2,6-Liter-Klasse rundete das Programm nach oben hin ab. Während einige Baumuster vorübergehend mit einer Lenkradschaltung bestückt wurden, kehrte man bald wieder zur moderneren Mittelschaltung zurück.

RUXTON

Entgegen dem Üblichen, ein Automobil nach dem Namen des Erfinders zu benennen, stand für den Ruxton-Wagen, der im amerikanischen St. Louis (Missouri) gebaut wurde, der Name des Geldgebers – V. C. Ruxton – Pate. Der Ruxton entstand als eine Art Nebenprodukt bei der New Era Motors Inc. und basierte überwiegend auf Fremdkomponenten. Der Motor kam von Continental, die eleganten Karosserien von den Spezialisten Budd und Raulang – lediglich das Chassis war eine Eigenentwicklung.

Modell:	Ruxton Roadster
Hubraum / Zylinder:	5500 ccm / 8 Zyl.
PS / kW:	94 / 68,8
Bauzeit:	1929 – 1931
Stückzahl:	–

Trotzdem wurde Archie M. Andrews Initiator des ganzen Projekts – mit dem Ruxton nicht glücklich: Die erhoffte Nachfrage blieb aus und sein Geldgeber verstand es, sich kurz vor dem Zusammenbruch geschickt aus der Affäre zu ziehen.

SAAB

Modell:	Saab 92
Hubraum / Zylinder:	764 ccm / 2 Zyl.
PS / kW:	25 / 18,3
Bauzeit:	1947
Stückzahl:	Einzelstück

Die im schwedischen Trollhättan angesiedelte Flugzeugfabrik Saab (Svenska Aeroplan Aktiebolaget) erweiterte 1947 ihren Geschäftsbereich, indem man sich mit dem Bau von Automobilen befasste. Da ein noch 1947 gezeigter Prototyp auf große Akzeptanz stieß, wurde das Einzelstück unter Hochdruck zur Reife gebracht, um 1950 mit der Serienproduktion beginnen zu können. Im Gegensatz zu den amerikanisch aussehenden Volvo-Wagen sollte der Saab von den im Flugzeugbau gesammelten Erfahrungen profitieren und mit einem eigenständigen Design überraschen. Noch ahnte niemand, dass Saab hier einen Wagen entwickelt hatte, dessen Konzept lange Zeit mustergültig bleiben sollte.

Saab Sonett II

Nachdem Saabs Entwicklungsingenieur Rolf Mellde mit dem Sonett I bereits einen kleinen sportlichen Roadster auf die Räder gestellt hatte, sollte es noch eine Weile dauern, bis dieser Versuchsträger in abgewandelter Form als Serienfahrzeug (Sonett II) bei den Händlern stand. In dieser Zeit wurde aus dem offenen Wägelchen ein handliches Fastbackcoupé mit niedriger Gürtellinie, die im Bereich der Hinterräder anstieg. Um ein möglichst geringes Gewicht zu erzielen, fertigte Saab

Modell:	Saab Sonett II
Hubraum / Zylinder:	841 ccm / 3 Zyl.
PS / kW:	60 / 44
Bauzeit:	1966–1970
Stückzahl:	258

den Karosseriekörper des Sonett aus Kunststoff, arbeitete aber aus Gründen der Stabilität einige Stahlverstrebungen ein. Im Vergleich zu den Saab-Limousinen rollte der zweisitzige Sonett auf einem um 350 mm verkürzten Unterbau mit nur 2150 mm Radstand.

Salmson

Modell:	Salmson Grand Sport
Hubraum / Zylinder:	1086 ccm/4 Zyl.
PS / kW:	40/33
Bauzeit:	1925–1929
Stückzahl:	–

1919 gründete Emile Salmson im französischen Billancourt eine Fabrik, in der neben Automobilen auch Flugmotoren und Zündmagnete hergestellt wurden. Die ersten Automobile, die 1921 aus den Werkshallen der Société des Moteurs Salmson liefen, waren britische Lizenzbauten, die in ihrer Heimat unter dem Markennamen G.N. gebaut wurden. Während die Produktion lief, dachte Salmson bereits über die Entwicklung einer Eigenkonstruktion nach. Man stellte sich einen für den sportlichen Einsatz brauchbaren Vierzylinder-Wagen mit kleinem Hubraum vor und bestimmte damit die Bauweise: Der Wagen, eine Art Cyclecar, musste leicht sein. Die Marke Salmson existierte und baute bis 1957 Automobile, danach wurden die Werksanlagen von Renault übernommen.

Salmson S 4 E

Modell:	Salmson S 4 E
Hubraum / Zylinder:	2336 ccm / 4 Zyl.
PS / kW:	70 / 51,2
Bauzeit:	1938 – 1947
Stückzahl:	–

Gegründet wurde die Société de Moteurs Salmson bereits 1912. Das Unternehmen, das sich hauptsächlich mit dem Bau von Flugzeugmotoren befasste, stellte 1921 ein Automobil auf die Räder, das in der Kategorie so genannter leichter Cyclecars rangierte. Kurze Zeit später folgten bereits rassige Sportwagen mit Doppelnockenwellenmotor. Dem Markt der 30er Jahre angemessen, setzte Salmson auf dem Luxuswagenmarkt Akzente und präsentierte elegante Zwei- und Viertürer, darunter zahlreiche Cabriolets. Billig waren diese Autos nicht – viel Handarbeit und die Liebe zum Detail ließen den Preis nach oben schnellen, doch es gab genügend Individualisten, die sich einen Salmson, beispielsweise einen S 4 E, zulegten. Der S 4 E war auch der Wagen, der Salmson nach dem Zweiten Weltkrieg ein kurzfristiges Comeback ermöglichte.

Schacht

Modell:	Schacht Highwheeler
Hubraum / Zylinder:	2400 ccm / 2 Zyl.
PS / kW:	12 / 8,8
Bauzeit:	1904 – 1910
Stückzahl:	–

Zu Zeiten, in denen das Automobil Laufen lernte, hatten Motorwagen mit niedriger Bodenfreiheit kaum eine Chance, auf dem amerikanischen Markt akzeptiert zu werden. Was man dort brauchte, waren geländegängige Vehikel mit hohen schmalen Rädern – nur so konnte man über die Farmwege rollen. Die im Bundesstaat Ohio ansässige Firma Schacht hatte sich auf den Bau solcher skurrilen Gefährte spezialisiert, und als 1904 ihr erster Highwheeler mit 40 Zoll großen Rädern die Werkshallen in Cincinnatti verließ, fühlte man sich wieder in die Zeit der Kutschen versetzt. So simpel der Wagen auch aussah, so viel fortschrittliche Technik verbarg sich unter der Klappe am Heck. Ein wassergekühlter Boxermotor mit sechs über Keilriemen angetriebenen Ölpumpen konnte sich problemlos gegen die Konkurrenz behaupten – zumindest bis 1910, als Fords Tin Lizzie Motorwagen dieser Art verdrängte.

Scheibler

Die großen Vierzylinderwagen, die die in Aachen ansässige Firma Scheibler (gegründet 1899) um 1905 herum baute, zählten mit zu dem Qualitativsten, was der deutsche Markt zu bieten hatte. Hohe Stückzahlen blieben für den Konstrukteur und Automobilfabrikanten Fritz Scheibler allerdings ein Traum. Er bediente einen relativ kleinen Kundenkreis, der das Außergewöhnliche zu schätzen wusste und dementsprechend tiefer in den Geldbeutel griff. 1907 stellte Scheibler den Bau von Personenwagen ein, um sich ausschließlich auf das Lastwagengeschäft zu konzentrieren.

Modell:	Scheibler 24 HP
Hubraum / Zylinder:	4400 ccm / 4 Zyl.
PS / kW:	24 / 17,6
Bauzeit:	1905
Stückzahl:	–

Scootacar

Modell:	Scootacar
Hubraum / Zylinder:	197 ccm / 1 Zyl.
PS / kW:	8,5 / 6,2
Bauzeit:	1957 – 1960
Stückzahl:	–

Im Falle des Scootacar stieg kein traditioneller Automobilbauer, sondern eine britische Lokomotivenfabrik ins Automobilgeschäft ein. Hunselt in Leeds, bzw. dessen Tochterfirma Scootacars Limited, brachte dieses Kunststoffei heraus, das auf 2060 mm Gesamtlänge zwei Erwachsenen Platz bieten sollte – zumindest der Werbung nach. Den Dimensionen entsprechend kam die verglaste Kunststoffkabine mit nur einer Tür auf der linken Seite aus. Dank der enormen Höhe saß man in diesem Gefährt fast wie in einem Londoner Taxi, doch das laute Motorengeräusch des im Heck platzierten Zweitaktmotors holte einen rasch auf den Boden der Tatsachen zurück. Die Lenkung in Form eines Fahrradlenkers ermöglichte auf Grund des großen Einschlagwinkels trickreiche Parkmanöver.

SINGER

Modell:	Singer 9 HP Le Mans
Hubraum / Zylinder:	972 ccm / 4 Zyl.
PS / kW:	39 / 28,6
Bauzeit:	1935 – 1937
Stückzahl:	–

Die britische Automobilmarke Singer, die von 1905 bis 1970 in Coventry existierte (nicht zu verwechseln mit dem gleichnamigen amerikanischen Nähmaschinenhersteller) zählte in den 20er Jahren zu Englands drittgrößtem Automobilproduzenten. Neben soliden Gebrauchsfahrzeugen baute Singer auch sportlich angehauchte Modelle der unteren Hubraumklassen, beispielsweise den Singer Le Mans. Unter seiner Motorhaube arbeitete ein 1-Liter-Aggregat mit obenliegender Nockenwelle, das sich hervorragend zum Tunen eignete. Auch bei den 24 Stunden von Le Mans war der Singer Nine kein Unbekannter, doch dort war es ihm nicht vergönnt, vordere Plätze zu belegen. Das hielt das Werk aber nicht davon ab, den Typ Nine ab 1935 unter der neuen Modellbezeichnung Singer Le Mans auf den Markt zu bringen.

Sizaire-Naudin

Modell:	Sizaire-Naudin Typ F
Hubraum / Zylinder:	1583 ccm/1 Zyl.
PS / kW:	9,5/7
Bauzeit:	1908
Stückzahl:	–

Die französische Marke Sizaire-Naudin, die 1903 in Courbevoie gegründet wurde, existierte zwar nur bis 1923, doch in dieser Zeit entstanden viele robuste Modelle, die der Einfachheit halber mit dem berühmten Einbaumotor der Firma De Dion Bouton bestückt wurden. Viele Automobilhersteller bedienten sich seinerzeit dieses Aggregats. So sparten sie Entwicklungskosten, außerdem galten die in Großserie produzierten Zulieferteile als äußerst zuverlässig. 1911 ergänzte Sizaire-Naudin die Modellpalette der Einzylinder-Wagen um einen Vierzylinder, der nach Ende des Ersten Weltkriegs noch zwei Jahre weitergebaut wurde. Die Brüder Sizaire, die sich bereits nach kurzer Zeit von Naudin trennten, gründeten später unter dem Namen Sizaire-Frères ihre eigene Firma, wo der erste Wagen der Welt mit Einzelradaufhängung entwickelt wurde.

Skoda

Modell:	Skoda 420
Hubraum / Zylinder:	995 ccm / 4 Zyl.
PS / kW:	20 / 14,7
Bauzeit:	1933 – 1936
Stückzahl:	–

Skoda – das Unternehmen gehört heute zum Volkswagen-Konzern – ist eine aus einem ehemaligen Rüstungsbetrieb hervorgegangene Marke, die bereits 1869 in Österreich-Ungarn (seit 1918 Tschechoslowakei) gegründet wurde. Ab 1923 fertigte Skoda auch Automobile. Zuerst liefen Lizenzbauten der Marke Hispano-Suiza vom Band, bevor ab 1930 die ersten Eigenkonstruktionen folgten. Einen schlechteren Zeitpunkt hätte sich Skoda kaum aussuchen können: Die Weltwirtschaftskrise erreichte zwar mit Verspatung die Tschechoslowakei, aber dafür nicht weniger heftig. So desolat die Lage auch war, Skoda fuhr mit dem Typ 420 (die Bezeichnung stand für vier Zylinder und 20 PS) in die richtige Richtung: In immer kürzeren Intervallen wurde der Wagen zu mehr Perfektion gebracht, bis er schließlich einen anderen Namen bekam und unter der neuen Modellbezeichnung Popular die Konkurrenz überholte.

Skoda Felicia

Modell:	Skoda Felicia
Hubraum / Zylinder:	1089 ccm / 4 Zyl.
PS / kW:	38 / 27,9
Bauzeit:	1959 – 1965
Stückzahl:	ca. 15 000

1959 erschien bei Skoda als Weiterentwicklung des Modells 440 der neue Octavia. Seine Wesensmerkmale waren die verbesserte Vorderradaufhängung und eine überarbeitete hintere Pendelachse. Ovale Kühlergitterverkleidungen zierten sein ansprechendes Äußeres, und als Alternative zur geschlossenen Limousine stand der Octavia noch in einer offenen Version bei den Händlern. Das Cabriolet, das unter der eigenen Modellbezeichnung Felicia angeboten wurde, ließ sich mit einem Hardtop ohne großen Aufwand in ein voll wettertaugliches Automobil verwandeln. Skoda führte mit dem Felicia bzw. Octavia einen Bestseller im Programm, der sich auf Grund seines guten Preis-Leistungs-Verhältnisses auch eine Position auf dem osteuropäischen Exportmarkt sichern konnte.

SPA

Modell:	SPA 30/40 HP
Hubraum / Zylinder:	2658 ccm / 4 Zyl.
PS / kW:	40 / 29,3
Bauzeit:	1912
Stückzahl:	–

Unter dem Kürzel SPA ließ Giovanni Ceirano 1906 seine Società Ligure Piemontese Automobili ins Handelsregister eintragen, denn der am Motorsport interessierte Italiener hatte sich zum Ziel gesetzt, leistungsstarke Sportwagen auf die Räder zu stellen, die auf Veranstaltungen wie der Targa Florio der Konkurrenz das Fürchten lehren sollten. Bereits im ersten Jahr verließen etwa 300 Wagen seine Turiner Werkshallen – dabei handelte es sich im Wesentlichen um ein Modell mit 7785 ccm Hubraum und eines mit 11677 ccm. 1910 rundete Ceirano das Angebot nach unten hin ab: Anstelle wuchtiger Fahrzeuge mit langem Radstand debütierte nun ein handlicher Vierzylinder. Leider stand für SPA die Wiederaufnahme des Automobilbaus nach dem Ersten Weltkrieg unter einem schlechten Stern und das kurze Comeback reichte nicht, um auf dem Markt bestehen zu können – 1926 wurde das Unternehmen von Fiat übernommen.

Stanley

Modell:	Stanley Steamer
Zylinder:	2
PS / kW:	ca. 20 / 14,6
Bauzeit:	1919
Stückzahl:	–
Besonderheit:	Dampfautomobil

Neben der Alternative eines Elektroautomobils hatten vor allem amerikanische Käufer die Wahl, mit einem Dampfwagen vorlieb zu nehmen. Die Brüder Stanley, die ab 1899 in Watertown im Bundesstaat Massachusetts solche Vehikel bauten, vertraten zwar die Meinung, dass die Zukunft den Dampfautomobilen gehöre – sie waren kraftvoll, leise und vor allem umweltfreundlich. Doch im Laufe der Jahre mussten sie einsehen, dass sich immer weniger Leute schon Stunden vor Fahrtantritt mit Vorbereitungen wie Anheizen etc. befassen wollten. Fords Tin Lizzie war fortschrittlicher und kostete weniger! Als in den frühen 20er Jahren die ersten Hersteller von Dampfwagen von der der Bildfläche verschwanden, war es nur eine Frage der Zeit, bis sich auch die Stanleys von diesem unrentablen Geschäftsbereich trennten.

Subaru

Als nach dem Zweiten Weltkrieg in Japan der 1917 von Chikuhei Nakajima gegründete Konzern Fuji Heavy Industries aufgelöst und in zwölf neue Gruppen zerschlagen wurde, baute Subaru ab 1954 neben Motoren erstmals auch Automobile. Als sich auch in Japan neun Jahre nach Ende des Zweiten Weltkriegs eine Art Wirtschaftswunder abzeichnete, wollte Chefingenieur Shinroku Momose die Idee eines Kleinwagenprojekts realisieren, obwohl der gesetzliche Spielraum dafür eng gesteckt war: Kleinwagen durften höchstens 3000 mm lang sein und einen Motor mit maximal 360 ccm haben. Das zweite Handicap war der Preis – teurer als 400.000 Yen (damals etwa 1.152 US-Dollar) durfte ein Kleinwagen nicht sein.

Modell:	Subaru 360
Hubraum / Zylinder:	356 ccm / 2 Zyl.
PS / kW:	16 / 11,7
Bauzeit:	1958 – 1962
Stückzahl:	–

Swallow Sidecar

Modell:	Side Swallow S.S.
Hubraum / Zylinder:	747 ccm / 4 Zyl.
PS / kW:	10,5 / 7,7
Bauzeit:	1927 – 1931
Stückzahl:	–

Bevor Sir William Lyons jene legendären Automobile entwickelte, die unter dem Markennamen Jaguar Sportwagengeschichte schrieben, baute er jahrelang Seitenwagen für Motorräder. Außerdem veredelte er ab 1927 in seiner Firma S.S. (Swallow Sidecar) den kleinen Austin Seven: Lyons orderte lediglich das rollende Chassis und bestückte es mit einer eleganten kleinen Karosserie, die dem Massenprodukt des Hauses Austin einen neuen Charakter gab. Obwohl in jedem Umbau Austin-Technik steckte, wurden diese luxuriösen Kleinwagen unter Lyons' Markennamen S.S. auf den Markt gebracht. Neben der relativ hohen, aber durchaus harmonisch aussehenden Limousine stand als Alternative noch ein kleiner Roadster im Programm.

Swift

Modell:	Swift Typ Ten
Hubraum / Zylinder:	1100 ccm / 4 Zyl.
PS / kW:	12 / 8,8
Bauzeit:	1918
Stückzahl:	–

Nach dem Bau von Nähmaschinen, Fahrrädern und Motorrädern versuchte sich das in Coventry angesiedelte Unternehmen 1900 erstmals im Bau so genannter spartanischer Cyclecars – einer Fahrzeugklasse, die zu dieser Zeit in Frankreich sehr beliebt war. Erst 1904 bekannte sich Swift zum „richtigen" Automobilbau, musste sich als Neuling aber viel einfallen lassen, um gegen etablierte Konkurrenten wie Austin oder Morris bestehen zu können. Lange Zeit stand der Name Swift für einfache, aber solide Automobilkonstruktionen. Wer Fahrzeuge mit sportlichem Charakter suchte, war in den Showrooms der Mitbewerber besser aufgehoben. Ein fataler Fehler – Swift konnte sich nicht von der Masse abheben und war gegen Konkurrenten, die ihre Wagen preiswert im Großserienbau auf die Räder stellten, so gut wie machtlos.

Tatra

Modell:	Tatra 87
Hubraum / Zylinder:	2967 ccm / 8 Zyl.
PS / kW:	75/55
Bauzeit:	1937–1939
Stückzahl:	–

Die 1919 im tschechischen Koprivnice gegründete Automobilfabrik Tatra (sie wurde nach dem Zweiten Weltkrieg verstaatlicht) baute neben schweren Nutzfahrzeugen auch einige interessante Personenwagen: Der begabte Ingenieur Hans Ledwinka konstruierte 1923 einen außergewöhnlichen Alltagswagen, der mit mutigen technischen Lösungen für viel Aufmerksamkeit sorgte. Dieses Modell – Tatra 11 – war so erfolgreich, dass auch zukünftige Wagen von diesem charakteristischen Layout mit Zentralrohrrahmen, Schwingachsen und Einzelradaufhängung profitieren sollten. Als weiteren Meilenstein stellte Ledwinka 1934 den Tatra 77 auf die Räder. Die nach dem Prinzip der Stromlinie gebaute Limousine erreichte mit einem luftgekühlten V8-Motor im Heck eine Höchstgeschwindigkeit von 140 km/h.

THOMAS

Modell:	Thomas Flyer 6-70
Hubraum / Zylinder:	12.800 ccm/6 Zyl.
PS / kW:	72/52,7
Bauzeit:	1910
Stückzahl:	–

Die Automobile, die Erwin Ross Thomas von 1903 bis 1918 in Buffalo im Bundesstaat New York baute, waren zwar für ihre Robustheit bekannt. Um aber auf dem Markt bestehen zu können, musste Thomas seine Wertarbeit weit unter Preis verkaufen – nur so konnte er dem Druck der Massen- und Billigproduzenten entgegenwirken. Den größten Erfolg, den Thomas in seiner Firmengeschichte verbuchen konnte, war 1907 die Teilnahme an der legendären Fernfahrt von New York nach Paris. Von den nur sechs teilnehmenden Fahrzeugen, die auf ihrer Fahrt durch drei Kontinente über 13 000 Meilen zurücklegten, ging der von Georg Schuster gefahrene Thomas Flyer 6-70 als Gesamtsieger hervor.

Toyota

Modell:	Toyota Sports 800
Hubraum / Zylinder:	790 ccm / 2 Zyl.
PS / kW:	49 / 92,2
Bauzeit:	1965 – 1979
Stückzahl:	ca. 3300

Als der Japaner Kiichiro Toyota 1926 das Unternehmen Automatic Loom Works Ltd. gründete, stellte er sechs Jahre lang nur Webstühle her. 1932 wurde der Betrieb durch eine Fahrzeugbauabteilung erweitert, und 1935 rollte das erste Automobil, das den Namen Toyota trug, auf japanischen Straßen. Als Toyota 1961 mit dem Modell „Publika" eine Limousine der 700-ccm-Hubraumklasse auf den japanischen Markt brachte, dachte Designer Shozo Sato längst über eine hübschere Verpackung des Wagens nach. An seinem Zeichenbrett entstand die Linienführung, die dem Wagen 1965 zum zweiten Auftritt verhalf – diesmal nannte man ihn Toyota Sports 800. Der flotte Sports mit seinem leicht vergrößerten luftgekühlten Boxermotor wurde ausschließlich für den japanischen Markt gebaut.

Toyota 2000 GT

Modell:	Toyota 2000 GT
Hubraum / Zylinder:	1988 ccm / 6 Zyl.
PS / kW:	150 / 110
Bauzeit:	1967 – 1970
Stückzahl:	351

Das einzige echte japanische „Agenten-Auto" hieß Toyota 2000 GT und war nicht nur auf fernöstlichen Straßen, sondern auch auf der Leinwand zu sehen: Und zwar in dem englischen Streifen „Man lebt nur zweimal" – da wurde der 2000 GT von James Bond als Dienstwagen-Cabriolet genutzt. Entgegen japanischem 60er-Jahre-Design zeigte sich der flotte Sportwagen mit einer besonders interessanten Linienführung – die entstand nicht in Japan, sondern in den USA am Zeichenbrett des Design-Gurus Graf Albrecht Goertz. Um den 2000 GT schnell bewegen zu können, wurde er mit einem Sechszylindermotor bestückt. Das von Yamaha konstruierte Aggregat verfügte über zwei obenliegende Nockenwellen und stand vergleichbaren europäischen Triebwerken in nichts nach.

Trabant

Modell:	Trabant P 50
Hubraum / Zylinder:	500 ccm / 2 Zyl.
PS / kW:	18 / 13,2
Bauzeit:	1958 – 1963
Stückzahl:	ca. 3 700 000

Der Trabant P 50, der seit November 1957 von den AWZ Automobilwerke Zwickau (später VEB Sachsenring) produziert wurde, ist als Oldtimer mittlerweile eine Rarität. Die frühen Ausführungen dieses Wagens wurden ihrer rundlichen Form wegen im Volksmund auch liebevoll „Kugelporsche“ genannt – andere sprachen von der „Rennpappe“. Mit dem Erscheinen der zweiten Trabi-Generation 1962 gab es kaum Neuigkeiten, denn Modellpflege war dem Fronttriebler erst einmal fremd. Auch der offizielle Weg in den „Westen“ blieb dem Wagen so gut wie verschlossen. Einerseits blockierte der Bau der Mauer im August 1961 etwaige Exportversuche, andererseits reichte die Produktion kaum aus, um die Nachfrage in der DDR zu decken: Wer einen Trabi haben wollte, hatte sich auf Lieferzeiten von zehn Jahren und mehr einzustellen.

Triumph

In Coventry, Hochburg der englischen Automobilindustrie, entstanden 1902 als Ableger einer Fahrradfabrik die Triumph-Werke, die sich zuerst mit dem Bau von Motorrädern befassten. 1923 wandte sich Triumph auch dem Automobilbau zu – dieser Geschäftsbereich wurde auch nach der Fusion mit der Marke Standard (1945) beibehalten. 1972 wurde die Marke in die British Leyland-Gruppe integriert, unter deren Regie noch bis 1984 Triumph-Wagen gebaut wurden. Für Oldtimersammler zählt der 1955 auf den Markt gebrachte Typ TR 3 zu den schönsten englischen Sportwagen, die es je gegeben hat. Optische Retuschen wie eine die ganze Wagenbreite einnehmende Kühlerverkleidung und ein Anheben der Leistung führten später zu dem hier gezeigten Modell TR 3 A.

Modell:	Triumph TR 3 A
Hubraum / Zylinder:	1991 ccm / 4 Zyl.
PS / kW:	101 / 74
Bauzeit:	1957 – 1961
Stückzahl:	–

Triumph TR 6

Modell:	Triumph TR 6
Hubraum / Zylinder:	2498 ccm / 6 Zyl.
PS / kW:	143 / 104,7
Bauzeit:	1969 – 1976
Stückzahl:	94 619

Der zu Beginn des Jahres 1969 präsentierte TR 6 orientierte sich zweifelsohne an der schon für den TR 4 entwickelten Karosserielinie. Sie entstand ursprünglich in Italien bei Michelotti und wurde für den TR 6 noch einmal überarbeit – allerdings bei Karmann in Deutschland. Viel durfte man nicht tun, denn der Aufbau musste aus Kostengründen weiterhin auf das betagte Kastenrahmenchassis passen. Triumph stattete den TR 6 mit einem holzgemaserten Armaturenbrett aus, dessen Kanten aus Sicherheitsgründen weich eingefasst wurden, außerdem erhielt das Lenkrad eine gepolsterte Nabe. Das Wichtigste aber, was den TR 6 für Enthusiasten interessant machte, war der Übergang vom Vierzylinder- zum Sechszylindermotor – 143 PS brachten den Wagen nun auf 200 km/h.

Veritas

Modell:	Veritas 90 SPC
Hubraum / Zylinder:	1988 ccm/6 Zyl.
PS / kW:	100/73,2
Bauzeit:	1949–1950
Stückzahl:	–

Die Firma Veritas, die von 1947 bis 1951 im badischen Messkirch Automobile baute, wurde unter anderem von Ernst Loof, dem ehemaligen BMW-Sportchef, gegründet. Neben extrem sportlichen Wettbewerbswagen stellte man bald auch interessante Straßenversionen auf die Räder, die von einem neuentwickelten Motor angetrieben wurden. Ernst Loof verlegte Anfang 1951 nach dem Zusammenbruch des Unternehmens einen Teil der Produktionsanlagen an den Nürburgring. Hier baute er in Kleinauflage das Modell „Veritas-Nürburgring" weiter. Der Typ SPC entstand noch im Werk Messkirch/Baden.

Vespa

Modell:	Vespa 400
Hubraum / Zylinder:	394 ccm / 2 Zyl.
PS / kW:	14 / 10,3
Bauzeit:	1957 – 1961
Stückzahl:	–

Kontrastierend zur Modellpalette der Motorroller konnten Besucher des Pariser Automobilsalons 1957 auf dem Stand der Vespa-Gruppe ein Wägelchen bewundern, das zwar den italienischen Markennamen Vespa trug, genau genommen aber ein Mischling mit französischem Einschlag war. Um nicht dem Fiat-Konzern, zu dem man Geschäftsbeziehungen pflegte, als Konkurrent in die Quere zu kommen, wurde der Vespa 400 nicht in seinem Heimatland, sondern in Frankreich gebaut! Das modern gestylte Auto mit selbsttragender Karosserie erinnerte ein wenig an den Autobianchi 500, dessen praktische Rolldachkonstruktion anscheinend hier Pate stand. Weil sich der Wagen wider Erwarten schlecht verkaufte, wurde die Produktion vorzeitig eingestellt.

VICTORIA

Modell:	Victoria 250
Hubraum / Zylinder:	248 ccm / 1 Zyl.
PS / kW:	14 / 10,2
Bauzeit:	1956 – 1958
Stückzahl:	ca. 1580

1956 gründete der Ingenieur Harald Friedrich zusammen mit den Victoria-Werken in Traunreuth die Firma BAW (Bayerische Automobil-Werke), um das Projekt eines Kleinwagens mit Kunststoffkarosserie realisieren zu können. Leider ließ der finanzielle Erfolg auf sich warten, weshalb sich Friedrich ein Jahr später von der BAW trennte. Die Victoria-Werke überarbeiteten den Wagen noch einmal und führten die Produktion noch bis 1958 fort – der Winzling wurde jetzt als Victoria 250 auf den Markt gebracht, bevor Victoria die Herstellungsrechte an den Fahrzeugbau in Burglengenfeld abgab. Dort wollte man das Auto ebenfalls weiterbauen (als Burgfalke FB 250), doch mangels Nachfrage kam das Projekt nicht mehr zum Tragen.

Vignale Gamine

Modell:	Vignale Gamine
Hubraum / Zylinder:	499 ccm / 2 Zyl.
PS / kW:	18 / 13,2
Bauzeit:	1967 – 1969
Stückzahl:	ca. 50

Wer wollte, konnte schon in den 60er Jahren in Deutschland seinen Traumwagen per Katalog ordern – und zwar beim Otto-Versand. Der wickelte auch die Garantieansprüche ab, doch für die Inspektion musste man einen Fiat-Händler besuchen, denn der Wagen aus dem Katalog war eigentlich ein Fiat, auch wenn er offiziell Vignale Gamine hieß! Das interessante Wägelchen basierte auf der Bodengruppe des Fiat 500 und wurde mit einer Sonderkarosserie bestückt, die Alfredo Vignale, ein im italienischen Grugliasco ansässiger Designer, entworfen hatte. Der elegante Kühlergrill, der an die Zeit der 30er Jahre erinnert, ist übrigens nur eine Attrappe. Ein Bestseller wurde der Fahrspaß aus dem Katalog allerdings nicht – nur 50 Käufer konnten sich für den damals 4.000 Mark teuren Vignale begeistern.

Modell:	Volvo ÖV 4
Hubraum / Zylinder:	1944 ccm / 4 Zyl.
PS / kW:	28 / 20,5
Bauzeit:	1927 – 1928
Stückzahl:	–

Allen nordischen Wetterverhältnissen zum Trotz handelte es sich bei dem ersten Volvo, der 1927 die Werkshallen in Göteborg verließ, ausgerechnet um einen offenen Tourer. Die Idee, in Schweden eine Automobilfabrik zu gründen, hatte Assar Gabrielsson schon zu Beginn der 20er Jahre. Dank der Unterstützung seines Arbeitgebers, der SKF-Kugellagerfabrik, und der Hilfe seines Kompagnons Gustav Larson festigte das Unternehmen schnell seinen Ruf und erweiterte später die Produktpalette um Nutzfahrzeuge. Vom Design her orientierten sich die frühen Volvo-Modelle an amerikanischen Baumustern, bevor man mit der Entwicklung des „Buckelvolvos“ eine eigenständige Linie fand. Übrigens: Die Markenbezeichnung Volvo heißt übersetzt „Ich rolle“.

Volvo PV 444

Modell:	Volvo PV 444
Hubraum / Zylinder:	1414 ccm / 4 Zyl.
PS / kW:	40 / 29,3
Bauzeit:	1947 – 1958
Stückzahl:	ca. 196 000

Erst einen Tag vor der offiziellen Präsentation verkündete Volvo den Preis des neuen PV 444: Er sollte 4.800 schwedische Kronen kosten. Dieser hochinteressante Preis brachte dem Konzern noch während der Messe 2300 Bestellungen ein. Das Interesse am PV 444 war so enorm, dass Kunden bereit waren, das Doppelte und mehr für Vorverträge zu zahlen. Es sollte jedoch noch bis 1947 dauern, bis die Auslieferung des PV 444 begann. Nach der so erfolgreichen Markteinführung des interessanten Wagens erlitt Volvo einen schweren Rückschlag. In der Metallindustrie brach ein langer Streik aus. Volvo musste die Planung für den Fertigungsbeginn zurückstellen. Trotzdem wurden einige Exemplare fertig gestellt – zusammen mit den Prototypen konnte Volvo endlich mit Testfahrten beginnen.

Volvo P 1800

Auf der Automobilausstellung in Brüssel präsentierte Volvo 1961 ein völlig neues Automobil, einen Sportwagen. Dieser P 1800 genannte Zweitürer wurde einem interessierten Publikum und der Fachpresse zum ersten Mal live vorgestellt. Volvo hatte zwar im Jahr zuvor ein Pressefoto des Prototyps freigegeben, aber jetzt war der elegante zweisitzige Sportwagen mit völlig neuem Motor endlich zu begutachten. In den ersten Jahren wurde dieses Fahrzeug in England endmontiert, da Volvo in seinem ausgelasteten Werk auf der Insel Hisingen bei Göteborg nicht über ausreichende Kapazität verfügte. Der P 1800, nicht nur ein Sport-, sondern auch ein hervorragender Reisewagen, erhielt in Kalifornien übrigens einen Preis für sein überaus attraktives Design.

Modell:	Volvo P 1800
Hubraum / Zylinder:	1780 ccm / 4 Zyl.
PS / kW:	90 / 66
Bauzeit:	1961 – 1972
Stückzahl:	ca. 40 000

VW

Modell:	VW Käfer 1200
Hubraum / Zylinder:	1192 ccm/4 Zyl.
PS / kW:	30/22
Bauzeit:	1953–1957
Stückzahl:	ca. 1 200 000

Offiziell wurde im Dezember 1945 mit 55 montierten Fahrzeugen die Serienfertigung des VW-Käfers aufgenommen. Endlich konnte in dem am Mittellandkanal gelegenen Werk in Wolfsburg eine automobile Karriere beginnen, auf die man schon lange gehofft hatte. Der Startschuss für den Volkswagen fiel bereits im Juni 1934, als zwischen dem Reichsverband der Automobilindustrie und der Dr. Ing. h. c. F. Porsche GmbH ein Vertrag zu dem Vorhaben geschlossen wurde. Die Prototypen des Käfers konnten 1937 getestet werden, doch die weitere Entwicklung des Projekts – unter anderem der Aufbau des Volkswagenwerks, dessen Grundstein im Mai 1938 gelegt wurde – musste der Politik überlassen werden. Trotz der damals nicht voraussehbaren Verzögerungen startete der Käfer ab 1945 zügig durch. Als 1978 die Produktion in Deutschland mit mehr als 21 Millionen Einheiten eingestellt wurde, baute man den Bestseller in Mexiko weiter.

VW Käfer Cabriolet 1302

Modell:	VW Käfer Cabriolet 1302
Hubraum / Zylinder:	1285 ccm/4 Zyl.
PS / kW:	44/32,2
Bauzeit:	1970–1979
Stückzahl:	ca. 155 000

Bereits 1974 endete im Wolfsburger Volkswagenwerk die Produktion des Käfers. Das Werk Emden baute ihn noch bis 1978 und bei Karmann in Osnabrück lief erst am 10. Januar 1979 das letzte Käfer-Cabriolet vom Band. Die nicht sinkende Nachfrage in Europa wurde bald aus der mexikanischen Fertigung gedeckt; denn dort gab der Bestseller noch immer Tausenden von Menschen Arbeit. Die mexikanische VW-Tochter hielt den Käfer technisch und optisch auf der Höhe der Zeit und ermöglichte seine Fahrt ins 21. Jahrhundert. Erst mit dem Jahr 2003 neigte sich dort die Produktion ihrem Ende entgegen. Mit der im Juli 2003 im mexikanischen Puebla vorgestellten „Última Edición" endete dann aber unwiderruflich der Mythos Käfer.

VW Karmann-Ghia

Modell:	VW Karmann-Ghia
Hubraum / Zylinder:	1192 ccm/4 Zyl.
PS / kW:	30/22
Bauzeit:	1955 – 1960

Die Karmann-Werke in Osnabrück hatten die besten Voraussetzungen, um einen flotten, sportlich angehauchten Zweisitzer auf VW-Käfer-Basis auf die Räder zu stellen – als Hersteller des Käfer-Cabriolets waren sie schließlich mit der VW-Technik bestens vertraut. Das einzige Problem aber war, dem VW-Konzern diese Idee schmackhaft zu machen, denn Karmann wollte den Wagen ebenfalls über das VW-Händlernetz vertreiben. Ideen für einen „Käfer im Frack" gab es im Hause Karmann schon 1951. Wilhelm Karmann ließ seine Vorstellungen, die schon in Form von Skizzen existierten, von dem italienischen Designstudio Carozzeria Ghia noch einmal gründlich überarbeiten, bevor 1953 der erste Prototyp des Karmann-Ghia auf die Räder gestellt wurde.

VW Karmann-Ghia TC

Dieser etwas eigenwillig gestylte VW Karmann-Ghia TC war schon zu Bauzeiten ein in Europa kaum bekanntes Exemplar. Das flott aussehende Automobil entstand nämlich als Weiterentwicklung der uns bekannten Karmann-Ghia-Modelle beim brasilianischen Tochterunternehmen Karmann Ghia do Brasil. 1960 wurde das brasilianische Werk des Osnabrücker Karosseriebauspezialisten in unmittelbarer Nachbarschaft zu VW do Brasil gegründet. Der Karmann-Ghia TC – das Kürzel TC stand für „Touring Coupé" – wurde 1970 der Öffentlichkeit präsentiert und war ausschließlich für den südamerikanischen Markt bestimmt. Eigentlich schade, denn der TC, der werksintern unter dem Namen „Minas" lief, hätte mit seinem angenehmen Erscheinungsbild sicherlich auch bei uns eine Marktchance gehabt.

Modell:	VW Karmann-Ghia TC
Hubraum / Zylinder:	1584 ccm/4 Zyl.
PS / kW:	54/40
Bauzeit:	1970–1975
Stückzahl:	ca. 18000

Wanderer

Modell:	Wanderer 5/12 PS
Hubraum / Zylinder:	1145 ccm/4 Zyl.
PS / kW:	12/8,8
Bauzeit:	1912–1914
Stückzahl:	–

Johann Winklhofer gründete 1911 in Schönau bei Chemnitz die Wanderer-Werke und brachte ein Jahr später einen kleinen Motorwagen, den Typ 5/12 PS, auf den Markt. Die auf den ersten Blick vielleicht spartanisch aussehenden Vehikel (sie wurden im Volksmund „Puppchen" genannt) avancierten dank reichhaltiger technischer Ausstattung bald zum Bestseller. 1932 schloss sich Wanderer der Auto Union an. Diesem Bund gehörten auch die sächsischen Autohersteller Audi, DKW und Horch an – Ziel war es unter anderem, diese Marken gemeinsam auf dem Markt zu vertreiben. Während man nach dem Zweiten Weltkrieg die Marken Audi und DKW wieder reaktivierte, wurde bei Horch und Wanderer die Automobilproduktion nicht wieder aufgenommen.

Wanderer W 22

Modell:	Wanderer W 22
Hubraum / Zylinder:	1950 ccm / 6 Zyl.
PS / kW:	40 / 29,3
Bauzeit:	1933 – 1934
Stückzahl:	

Das Markenimage von Wanderer war geprägt durch die außerordentliche Zuverlässigkeit dieser Autos und durch ihre einmalige Fertigungsqualität, dafür mussten aber auch beträchtliche Preise gezahlt werden. Wanderer versuchte bereits der Ende der 20er Jahre einsetzenden Krise mit moderner gestalteten Karosserien und stärkeren Motoren zu begegnen. Die Innovationsfreudigkeit konnte jedoch nicht verhindern, dass die Fertigungszahlen zurückgingen. Bei Wanderer wurde der Automobilbau zu einem Geschäft mit roten Zahlen. Die gesamte Motorradfertigung war bereits an NSU und an das tschechische Unternehmen Janecek verkauft worden. Die Dresdner Bank, wichtigster Aktionär von Wanderer, stellte bereits Überlegungen an, den Automobilbau abzustoßen.

Wanderer W 25 K

Modell:	Wanderer W 25 K
Hubraum / Zylinder:	1950 ccm/6 Zyl.
PS / kW:	85/62,2
Bauzeit:	1936–1939
Stückzahl:	258

Die Auto Union AG, die in den 30er Jahren aus den Marken DKW, Audi und Horch bestand, existierte zwar 16 Jahre, doch bedingt durch den Krieg, standen dem Konzern nur sieben Jahre für Innovation und Wachstum zur Verfügung. Diese Zeitspanne dokumentierte sich in über 3000 Patenten im In- und Ausland. Jeder vierte Personenwagen, der 1938 in Deutschland zugelassen wurde, stammte von der Auto Union – darunter auch diverse Luxuswagen. Bei Wanderer entstand 1936 noch ein besonders interessanter Sportwagen, der dem BMW 328 Konkurrenz machen sollte – der Typ W 25 K. Um ihn auf reichlich Leistung zu bringen, erhielt der Motor zwecks Leistungssteigerung einen ständig mitlaufenden Kompressor.

Willys Overland

Modell:	Willys Overland
Hubraum / Zylinder:	2788 ccm/4 Zyl.
PS / kW:	38/27,8
Bauzeit:	1922–1926
Stückzahl:	–

Die 1902 im amerikanischen Bundesstaat Indiana gegründete Standard Wheel Company brachte 1902 einen relativ erfolglosen Wagen auf den Markt – erst als der New Yorker Automobilkaufmann John North Willys die Geschäftleitung übernahm, war für das angeschlagene Unternehmen Besserung in Sicht. Unter seiner Regie debütierten diverse Vier- und Sechszylinder-Wagen, die unter den Namen Willys oder auch Overland angeboten wurden. Unter der Haube der Willys arbeitete übrigens ein so genannter Schiebermotor nach dem Knight-System, dessen besondere Eigenschaft seine absolute Laufruhe war. 1910 verlegte Willys den Firmensitz nach Ohio, um dort kurze Zeit später die Serienproduktion für sein erfolgreichstes Modell, den Willys Overland Typ Four zu starten.

ZIS

Modell:	ZIS 110
Hubraum / Zylinder:	6003 ccm/8 Zyl.
PS / kW:	140/103
Bauzeit:	1946–1956
Stückzahl:	–

Als nach Ende des Zweiten Weltkriegs in der Sowjetunion mit dem Moskwitsch ein Automobil fürs Volk von den Bändern lief, bedeutete das nicht, dass man hier auf große Repräsentationswagen verzichten wollte. Die Zavod Imeni Stalina (ZIS) – die Moskauer Stalinwerke also – bauten nämlich einen amerikanischen Packard der 30er Jahre nach, der sich mit einem Radstand von 3760 mm bestens zum Repräsentieren eignete. Das 6000 mm lange Luxusauto namens ZIS 110 brachte fast 2,5 Tonnen Gewicht auf die Waage und wurde mit einem Achtzylindermotor bestückt. Die Kraft reichte aus, um den ZIS auf 140 km/h zu beschleunigen.

ZÜNDAPP

Modell:	Zündapp Janus
Hubraum / Zylinder:	248 ccm/1 Zyl.
PS / kW:	14/10,2
Bauzeit:	1957–1958
Stückzahl:	6902

Dr. h.c. Fritz Neumeyer gründete 1917 in Nürnberg die Firma Zünder-Apparatebau Gesellschaft m.b.H. 1938 wurde die Firma, die sich schnell auf dem Motorradmarkt etabliert hatte, zur Zündapp Werke GmbH Nürnberg umbenannt. Von der Produktion kleiner Lastendreiräder abgesehen, hatte man auf dem PKW-Sektor nichts zu bieten. Erst 1957 schenkte Zündapp den Automobilen wieder Beachtung, denn man wollte mit der Neuentwicklung namens „Janus" dem rückläufigen Motorradgeschäft entgegenwirken, aber der Wagen hatte sein Ziel verfehlt. Da der erhoffte Aufschwung auf dem Zweiradsektor lange auf sich warten ließ, musste das Unternehmen 1985 Insolvenz anmelden – die Produktionseinrichtungen wurden an die Volksrepublik China verkauft.

Register